热带香料饮料作物
复合栽培技术

鱼欢 主编

中国农业出版社

图书在版编目（CIP）数据

热带香料饮料作物复合栽培技术／鱼欢主编. —北京：中国农业出版社，2017.11
ISBN 978-7-109-23594-6

Ⅰ．①热… Ⅱ．①鱼… Ⅲ．①热带-香料作物-栽培技术 Ⅳ．①S573

中国版本图书馆CIP数据核字（2017）第286877号

中国农业出版社出版
（北京市朝阳区麦子店街18号楼）
（邮政编码 100125）
责任编辑 石飞华

北京通州皇家印刷厂印刷 新华书店北京发行所发行
2017年11月第1版 2017年11月北京第1次印刷

开本：880mm×1230mm 1/32 印张：6.375
字数：170千字
定价：48.00 元
（凡本版图书出现印刷、装订错误，请向出版社发行部调换）

主　编　鱼　欢

副主编　赵溪竹　董云萍

编　者（按姓氏音序排列）

邓文明　赖剑雄　李志刚

林兴军　桑利伟　宋应辉

孙世伟　孙　燕　谭乐和

王　灿　王　辉　邬华松

杨建峰　赵青云　郑维全

朱自慧　庄辉发　祖　超

前　言

　　热带香料饮料作物是我国热带作物产业的重要组成部分，是改善人们生活质量的必需品，市场需求量大，进出口量较大，经济效益高，发展潜力大，是我国热带、南亚热带地区（以下简称"热区"）农民收入的重要来源，是当地农村经济的重要支柱产业。热带香料饮料种类甚多，其中香草兰、胡椒、咖啡和可可等是我国特色热带农业的重要组成部分，对提高国民生活水平，促进热区农业增效、农民增收和生态农业发展，发挥着重要的支撑作用。

　　经济林是以生产果品、食用油料、饮料、调料、工业原料和药材为主要目的的林木，是森林资源的重要组成部分。经济林产业已经成为我国林业产业的主体，集生态效益、经济效益和社会效益于一身，是工业、农业、医药、国防等领域所需原料的重要来源。热带地区分布于东南亚、南亚、南美洲的亚马孙河流域、非洲的刚果河流域及几内亚湾沿岸等地。适用于热带地区栽培的经济林统称为热带经济林，如天然橡胶、槟榔、椰子、油棕、菠萝蜜、荔枝、龙眼、腰果、澳洲坚果、油梨等。热带经济林产业是同热区"三农"问题关系最为密切的林业产业之一。

　　中国热带农业科学院香料饮料研究所于20世纪50年代开始对香草兰、胡椒、咖啡、可可等热带香料饮料作物的引种试种、生物学特性、优良品种选育、良种良苗繁育技术、高效栽培技术等进行系统研究，21世纪初开始热带香料饮料作物复合栽培技术研究，取得一系列科研成果，为中国热带香料饮料作物产业发展提供了理论依据与技术支撑。尽管部分结果在国内外期刊上已发表，但大量研究结果并未系统整理。热带香料饮料作物和热带经济林品种繁多，根据种植与加工的实际情况，结合中国热带农业科学院香料饮料研究所在该领域的最新科研成果，本书主要介绍香草兰、胡椒、咖啡、可可等4种重要热带香料饮料作物以及与其复合栽培应用较多的天然橡胶、槟榔、椰子等3种热带经济林的复合栽培技术，供本行业和相关行业技术人员、科教人员，以及管理者和有兴趣者使用与参考，期望对我国热带作物产业发展发挥积极作用。

本书由中国热带农业科学院香料饮料研究所鱼欢主编；各章节编者分别为王辉负责香草兰和槟榔相关内容编写，杨建峰负责胡椒和椰子相关内容编写，董云萍负责咖啡和橡胶相关内容编写，赵溪竹负责可可和经济林主要病虫害相关内容编写，邓文明参与复合栽培品种、复合栽培技术等章节编写，桑利伟和孙世伟参与病虫害章节编写，谭乐和、邬华松和宋应辉参与概述、发展前景等章节编写。参考的资料既有国内外研究成果与实践经验的总结，也有编者多年的科研成果。

本书的编著和出版，得到国家星火重大项目"海南热带经济林下复合栽培技术集成与应用"、海南省重大科技项目"海南热带经济林下复合栽培技术集成应用与示范"、海南省重点科技计划项目"胡椒园间作槟榔高效种植技术研究与示范"和"槟榔间作香草兰高效栽培模式研究与示范"及海南省农业科技服务体系建设专项"槟榔间作可可标准化生产技术示范推广"、中国热带农业科学院基本科研业务费专项"热带生态农业高效栽培模式研究"等项目经费资助。

本书编写过程中得到了其他有关单位的热情支持，在此谨致诚挚的谢意！由于编者水平与时间所限，书中难免有错漏及不当之处，恳请读者批评指正。

编　者

2017年7月

目　录

前　言

第一章　概述 ······························ 1

第一节　热带香料饮料作物产业概况 ··········· 1

第二节　热带经济林产业概况 ············· 12

第三节　热带香料饮料作物复合栽培概况 ········· 20

第二章　生物学特性 ···················· 28

第一节　热带香料饮料作物生物学特性 ········· 28

第二节　热带经济林生物学特性 ············· 60

第三章　复合栽培主要品种 ················ 67

第一节　香草兰 ····················· 67

第二节　胡椒 ······················ 68

第三节　咖啡 ······················ 70

第四节　可可 ······················ 73

第五节　热带经济林 ··················· 74

第四章　复合栽培技术 ················· 78

第一节　香草兰复合栽培技术 ·············· 79

第二节　胡椒复合栽培技术 ··············· 83

第三节　咖啡复合栽培技术 ··············· 92

第四节　可可复合栽培技术 ················· 102

第五节　热区主要复合栽培模式 ············· 116

第五章　主要病虫害防治 ··················· 119

第一节　主要病害及防治 ··················· 119

第二节　主要害虫及防治 ··················· 145

第六章　果实收获与初加工 ················· 160

第一节　收获 ··························· 160

第二节　初加工 ························· 166

第七章　发展前景 ······················· 188

参考文献 ······························· 192

第一章

概　述

第一节　热带香料饮料作物产业概况

一、香草兰产业发展现状

香草兰 [*Vanilla planifolia* (Salisb.) Ames.] 为兰科香草兰属多年生热带藤本香料植物，原产于中美洲墨西哥东南部和南美洲北部的热带雨林，属于典型的热带经济作物，广泛分布于热带和亚热带地区，主要分布在南北纬25°范围内，海拔700米以下地带。其加工产品含有250多种天然芳香成分和16种氨基酸，广泛应用于食品、饮料、保健品、化妆品、高档酒和医药等领域，素有"天然食品香料之王"的美誉。目前，世界香草兰商品豆荚产量仅在2 300吨，产品供不应求。

（一）国际地位

世界香草兰有100多种，但有栽培价值的仅有3种，即墨西哥香草兰（*V. planifolia* Andrews）、大花香草兰（*V. pompon* Schiede）和塔希提香草兰（*V. tahitensis* J. W. Moore）。其中墨西哥香草兰在世界上产量最高，栽培面积最大。据联合国粮农组织（FAO）统计，2013年世界香草兰总栽培面积约8万公顷（图1-1），总产量8 600吨，其中马达加斯加和印度尼西亚产量占世界总产量的75%左右，其余主要分布在科摩罗、巴布亚新几内亚、墨西哥和留尼汪等国，上述国家所产90%以上为墨西哥香草兰。

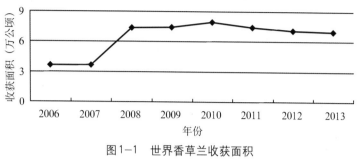

图1-1 世界香草兰收获面积
（资料来源：FAO）

世界范围内香草兰研究机构主要分布在主产国，如马达加斯加安塔拉哈香草兰研究中心、法国农业部、墨西哥作物研究所等，这些研究单位大都以香草兰初加工技术研究为主。中国热带农业科学院香料饮料研究所、云南农业大学、福建农业大学等单位都先后开展了香草兰研究，其中香料饮料研究所对香草兰研究较为系统，涵盖了引种试种、丰产栽培、病虫害防控、产品初加工和精深加工各个环节。

（二）生产现状

香草兰在我国是新兴产业，但单产已达世界先进水平，商品干豆荚达260～270千克/公顷。20世纪80年代到90年代初，我国香草兰商业化栽培面积近300公顷。

海南万宁、琼海、定安、屯昌、琼中、陵水、保亭、五指山是最适宜香草兰生长发育的地区；海南文昌、海口、澄迈、临高、儋州、白沙偶有轻霜，但影响不大，为适宜栽培区；云南景洪、勐腊、河口和四川攀枝花冬季低温期稍长，旱季较长，但水源条件好的地方也适宜发展香草兰栽培。

目前我国主要在海南、云南等热带地区有香草兰生产性栽培。海南主要分布在屯昌、定安、琼海和万宁等地区；云南主要分布在西双版纳和红河州的河口等地区。

2

国内多采用高投入、高产出、高效益的人工荫棚栽培，栽培和加工的主体均为企业，是以公司经营为主的集约化生产模式。但是，由于香草兰开花期需要人工授粉，生产规模过大造成授粉人力问题难以解决，加之配套技术应用不到位及盲目延长"效益链"等，一定程度上影响了香草兰产业的发展。

（三）贸易概况

香草兰初加工产品为豆荚，可直接作为家用调香料商品出售，也可深加工制成酊剂（浸剂）、油树脂、净油、香兰素等产品，广泛应用于食品、化妆品、烟草等领域。我国主要用于制造香草兰酒、饼干、风味咖啡、风味茶、冰淇淋、果脯、糖果和香水等。

据FAO统计，世界年进出口香草兰商品豆荚2 500～3 000吨，总贸易额为2亿～3亿美元。印度尼西亚和马达加斯加为主要出口国，占世界出口量的70%以上。美国是香草兰豆荚的主要进口国，历年来其进口量占世界进口量的40%～60%（年进口量1 000～2 000吨）。其次是欧盟占30%，以法国和德国为主。香草兰商品豆荚在我国供不应求，大部分依靠进口。

（四）经济与社会效益

香草兰生产是一种高效产业，我国已有一定的栽培面积，且正在不断扩大。海南和云南气候条件与主产国马达加斯加极为相似，是世界上适宜栽培香草兰的少数地区之一。香草兰产业是扶持这些地区农民精准脱贫的新型产业。目前世界范围内香草兰的栽培面积和产量均有限，产品远远不能满足市场需求，因此，充分利用海南及云南的自然优势发展香草兰栽培和加工业，既可丰富我国名贵香料资源，促进高档食品、名烟、茶叶和香料工业的协调发展，又可满足国内市场需求，具有良好的经济效益和社会效益。

二、胡椒产业发展现状

胡椒（*Piper nigrum* L.）是胡椒科（Piperaceae）胡椒属（*Piper*）多年生常绿藤本植物，是世界上最重要的香辛料作物，用途非常广泛。胡椒的种子除可做调味品，在食品工业上还可用作抗氧化剂、防腐剂和保鲜剂等，在医药工业上可用作健胃剂、解热剂及支气管黏膜刺激剂等。

（一）国际地位

据FAO统计，2014年世界胡椒栽培面积48.26万公顷，总产量46.30万吨，主要分布在亚洲、非洲、南美洲、北美洲的40多个国家，其中印度、越南、巴西、印度尼西亚、中国、马来西亚这几个主产国的栽培面积和产量占世界的85%以上。我国为世界六大胡椒主产国之一。据农业部发展南亚热带作物办公室统计，2014年我国胡椒总栽培面积约为2.48万公顷，收获面积为1.80万公顷，总产量为4.12万吨，均居世界第5位；单产约为2 289千克/公顷，远高于959千克/公顷的世界平均水平，居世界第5位。

（二）生产现状

我国胡椒最早引种于1947年，现已遍及海南、广东、广西、云南和福建等地区，其中海南是主产区，栽培面积和产量均占全国的90%以上。

1947年，归侨王裕文从柬埔寨引进小叶种胡椒在海南省琼海市温泉乡加朝村试种，1951年归侨郑宏书又从马来西亚引进大叶种在琼海市塔洋镇试种，并获得成功。1954年后，归侨继续从马来西亚、印度尼西亚引种，分别在兴隆华侨农场、大丰农场、保亭热带作物研究所和华南热带作物科学研究院兴隆试验站（现更名为中国热带农业科学院香料饮料研究所）试种，以后相继在农垦各个农场及其他市（县）试种成功。经过近70

年的发展，胡椒已成为海南农业的支柱产业，年均产值20多亿元，高峰期栽培面积达3万多公顷，产量超过3.5万吨，单产超过1 800千克/公顷。

海南共有14个市（县）栽培胡椒，主要集中在琼海、文昌、万宁、海口、定安和屯昌等6个市（县），琼海、文昌、万宁和海口栽培面积达2 000公顷以上，定安栽培面积达1 000公顷以上，以上5个市（县）胡椒栽培面积占海南省胡椒栽培面积的92.86%，产量占海南省总产量的92.34%。

（三）贸易概况

我国胡椒市场长期供不应求，要靠进口弥补国内供应缺口，长期以来进口大于出口。据FAO统计，2013年我国胡椒进口量为7 249吨，居世界第13位；进口金额为0.46亿美元，居世界第13位；而出口量仅为2 185吨，居世界第16位；出口金额为0.19亿美元，居世界第14位。

（四）经济与社会效益

胡椒是我国热区重要经济作物之一。由于经济效益好，早在20世纪80～90年代，胡椒就一直是热区边疆，特别是边远不发达地区农民脱贫致富的重要经济作物。随着我国胡椒产业的不断发展和完善，胡椒产业已逐步成为我国热区农民建成小康社会的重要产业，特别是在主产区海南省，胡椒已发展成为年产值20多亿元、关系100多万农民收入的重要产业。

随着胡椒产业经济效益的不断提高，近年来云南省部分边境市（县）也在大力发展胡椒。如云南省红河州绿春县着力打造"中国胡椒第一乡"，近十年胡椒栽培面积从不到70公顷发展到近3 000公顷，实现了从零星栽培到产业化、规模化发展的跨越，计划到2020年全县胡椒栽培面积达7 000公顷，产值达5亿元，打造全国胡椒产业名县，带动当地农民致富。

三、咖啡产业发展现状

咖啡（*Coffea* spp.）属茜草科（Rubiaceae）咖啡属（*Coffea*）多年生常绿灌木或小乔木，是世界三大饮料作物之一。全球咖啡年产量在800万吨左右，咖啡生豆贸易额达1 400亿元，咖啡豆已成为全球第四大贸易农产品。咖啡果实富含脂类、蛋白质、淀粉、芳香物质和氨基酸等多种有机成分，在食品、医药和化工等行业用途广泛，可制作饮料、糖果、冰淇淋、食用咖啡油等。提取的咖啡因在医药上可作麻醉剂、兴奋剂、利尿剂和强心剂。咖啡花可提取高级香料。随着我国综合国力增强，咖啡消费量的增加和国家产业政策的支持，咖啡栽培面积和产量得到了规模化的发展。

（一）国际地位

近年来，世界咖啡面积基本保持稳定，产量呈小幅波动。据国际咖啡组织（ICO）统计，2015年世界咖啡总面积1 300万公顷，总产量851万吨，主产国为巴西、越南、哥伦比亚、印度尼西亚、埃塞俄比亚等。2015年我国咖啡总面积11.8万公顷，产量11.8万吨，已成为世界优质小粒种咖啡的重要产地。由于适宜的气候条件，我国咖啡豆在品质上有得天独厚的优势，不少品种咖啡豆质量高于纽约期货交易的产品质量，部分品种咖啡豆在国际上杯品非常优秀。目前，我国咖啡豆品质波动不大，已具备稳定客源，除自用外，也供应给雀巢、麦氏、卡夫、纽曼和伊卡姆等全球五大咖啡巨头。然而，仅从产量上看，我国咖啡豆产量对全球咖啡豆产量没有太大影响，还远远左右不了国际市场咖啡豆的价格变化。国内咖啡销售价格受国际市场影响较大，收购价格参照最新的纽约咖啡期货价格制定，且往往还要在纽约咖啡期货价格基础上下调几美分。因此，我国咖啡要想获得国际话语权，需要挖掘产业优势，走精品咖啡道路，打造品牌知名度。

（二）生产现状

我国咖啡生产从20世纪50年代中期开始规模化栽培，1963年总面积达6 730公顷。1963—1978年，由于历史原因，咖啡栽培面积下降到约700公顷。随着十一届三中全会召开和改革开放的不断深入，咖啡产业开始了新一轮的发展，20世纪80年代末期，全国栽培面积达到1.57万公顷，其中海南栽培面积1.16万公顷，达历史顶峰。之后由于受国际咖啡价格低迷的冲击，海南咖啡栽培面积下滑到仅200公顷。2009年以来，海南省政府出台了多项政策扶持咖啡产业发展，海南咖啡栽培面积恢复到近1 700公顷。

1989年，瑞士雀巢咖啡公司与广东雀巢咖啡公司签订长期供货协议，极大地促进了云南咖啡产业的发展。1995年以来，云南省政府鼓励国内外企业与农户之间建立多种生产经营模式。特别是2005年以来，由于我国咖啡消费量的增加和国家政策对产业的支持，云南咖啡得到了规模化的发展。至今约有15万农户栽培咖啡，近70万人直接或间接从咖啡产业发展中受益，许多贫困山区农户由此走上致富之路。咖啡产业成为产区农民致富、企业增效和财政增收的重要渠道。

目前我国已经形成了云南、四川小粒种和海南中粒种优势产区，其中云南咖啡栽培面积占总面积的98.67%，四川占0.86%，海南占0.46%，栽培区域相对集中，品种布局合理，品种类型与气候类型相匹配（表1-1）。平均单产达2 250千克/公顷，是世界平均单产（708千克/公顷）的3.18倍，居世界领先地位。然而由于受到国际咖啡期货市场价格下跌的影响，2015年我国咖啡栽培面积下降到11.8万公顷，产量下降到11.8万吨，栽培面积和产量分别比2014年下降4.6%和14.6%。

表1-1　我国咖啡主要产区

省	州（市）	现有面积（万公顷）	主要区域
云南	普洱市	4.843	宁洱、思茅、江城、孟连、澜沧、景谷、墨江、景东、镇沅、西盟
	临沧市	3.637	临翔、耿马、沧源、凤庆、永德、云县、镇康、双江
	保山市	1.156	隆阳、龙陵、昌宁、施甸
	德宏	1.594	瑞丽、芒市、梁河、盈江、陇川
	西双版纳	0.625	勐腊、勐海、景洪
	红河	0.113	河口、绿春、金平
	文山	0.168	麻栗坡
	怒江	0.058	泸水
	大理	0.016	宾川
海南		0.057	澄迈、万宁、文昌、琼中、白沙、三亚
四川		0.107	攀枝花：盐边、米易、仁和、东区凉山州：会东、会理
合计		12.374	

资料来源：《主要热带作物优势区域布局（2016—2020年)》。

（三）贸易消费概况

我国咖啡80%以上以原料豆的形式出口，产品主要销往欧洲、美国、日本、韩国及新加坡等20多个国家和地区。咖啡已成为云南省第三大出口创汇农产品。其中，雀巢、麦氏两大国际巨头采购量达全省总产量的30%。2010—2015年云南出口量分别为2.38万吨、3.79万吨、5.0万吨、7.60万吨、6.72万吨、5.90万吨；出口金额分别为0.71亿美元、1.8亿美元、1.27亿美元、2.09亿美元、2.64亿美元、1.73亿美元；出口单价分别为2 983美元/吨、4 749美元/吨、2 540美元/吨、2 750美元/吨、3 929美元/吨、2 932美元/吨。出口单价波动较大，纽约期货价格2011年达到高点，此后连续2年持续走低，特别是2012年咖啡出口价格跌到谷底，出口创汇效益大幅下滑，致使出口经营企业压力陡增，咖农对市场信心跌至低谷，2014—2015年咖啡出口量连续2年降低。

近几年，随着我国人民收入水平的提高，咖啡的高端消费快速增长，高价值的咖啡品种进口增幅较大，而目前我国的咖啡生产大多以粗加工产品为主，缺乏具有竞争力的品牌，因此需要从国际市场进口。2014年进口咖啡豆6.06万吨，高端咖啡品种进口单价平均59.2元/千克，比出口单价高出很多。我国中粒种咖啡栽培面积较小，满足不了国内消费市场需求，每年进口量约2万吨。

2011—2015年，我国国内咖啡消费市场从6.27万吨增长到了约13万吨，年增长量约15%，是世界上咖啡消费量增长较快的国家。2015年，我国进口速溶咖啡9万吨，进口咖啡烘焙成品1.8万吨。我国咖啡消费主要集中在北京、上海、深圳和广州，其中，速溶咖啡占我国咖啡消费量的80%，焙炒咖啡占20%，我国消费市场还是以速溶咖啡为主。

（四）经济和社会效益

咖啡适应性强，主要栽培在海拔800～1 200米的热带、亚热带地区，坡地、平地均可栽培，可与经济林和香蕉、坚果、龙眼、荔枝等热带果树复合栽培。平均每公顷收益在3万～4.5万元，管理好、价格高的年份每公顷收益可达9万元。2015年，我国咖啡产业产值约23.6亿元，为南部边疆不发达地区近30万人提供就业机会，栽培咖啡是这些地区农户主要收入来源。

（五）产业发展制约因素

1. 低温寒害　云南、四川等咖啡产区，主要分布在北回归线附近，纬度相对偏北，部分年份容易出现低温寒害。

2. 旱情严重　云南、四川等咖啡产区为热带内陆性气候，降雨偏少且分布不均，每年11月至翌年5月为旱季，旱季持续时间长，旱灾发生频率高。

3.台风危害　海南等沿海咖啡产区为台风高发区，部分年份台风危害严重，对咖啡生长发育影响极大。

4.生产成本上涨　目前我国咖啡栽培和采收尚无法实现机械化操作，人工成本大幅攀升，比较效益明显下滑。

从世界范围来看，2014年小粒种咖啡占总产量的59.67%，中粒种占40.33%；我国以生产小粒种咖啡为主（99.83%），中粒种咖啡仅占0.17%，主要依赖进口。随着速溶咖啡消费量不断增加，中粒种咖啡需求不断提高。

四、可可产业发展现状

可可（*Theobroma cacao* L.）是梧桐科（Sterculiaceae）常绿小乔木，是世界三大饮料作物之一，具有极高的经济价值。可可豆是可可树的种子，富含可可脂、蛋白质、纤维素、维生素、矿物质和多酚等营养成分，营养丰富，味醇香，是制作巧克力的主要原料，也是饮料、糖果、冰淇淋等食品业的重要配料，被誉为"神仙的食物"。巧克力自问世以来，以其健康、时尚的文化深受世界人民喜爱。国际市场对可可豆需求旺盛导致原料紧缺愈演愈烈，优质可可原料市场需求尤为强劲。

（一）国际地位

据FAO统计，2013年世界可可栽培面积超过1 000万公顷，可可豆总产量超过458万吨，可可产业已成为热带地区许多国家经济和社会发展的重要组成部分。我国于1922年开始在台湾的嘉义、高雄等地区栽培可可，至今已有90多年的历史。1960年兴隆试验站（现更名为中国热带农业科学院香料饮料研究所）引种试种并开始系统观察，20世纪80年代发展椰子间作可可栽培模式，栽培规模迅速发展到500多公顷，但由于加工技术落后及产业化技术不配套等原因，可可园逐渐被放弃管理或改种其他作物，栽培面积减少。但是，香料饮料研究所始终没有放弃对可可的研究及选育种工作，通过几代科技工作者的努力，选育出8个高产种质，其产量和品质也不逊于一些可可主产国，并掌握了可可初加工及精深加工的关键技术，解决了后端加工的问题，为我国可可产业再发展奠定了良好的基础。

（二）生产现状

当前，可可在我国仍是新兴产业，由于企业的进入，正处于商业性扩大生产阶段，初产期可可豆单产为750千克/公顷，盛产期可达1 500千克/公顷。据不完全统计，目前我国可可规模化栽培面积300多公顷，主要分布在海南、台湾和云南西双版纳地区。海南产区主要是与槟榔、椰子等经济林复合栽培，云南产区主要是与橡胶复合栽培。

（三）贸易概况

我国可可加工业从20世纪90年代开始快速发展，随着人民生活水平的提高，巧克力和其他可可制品需求量增大，国际市场对可可豆需求旺盛导致原料紧缺愈演愈烈，优质可可原料市场需求尤为强劲。但是，目前我国可可加工企业所需原料仍然全靠进口。2010—2013年，我国年均进口可可豆及其制品量（可可制品换算成可可豆量）为10万吨，是2000年的2倍多，而且以年均10%～15%的增长率稳步增加，我国市场对可可制品的需求量正在以前所未有的速度发展。我国可可出口产品主要是可可脂和可可粉。一般可可豆经过二次加工后，将大部分可可脂出口国外，大部分可可粉用于国内食品加工企业的生产和销售。

（四）经济与社会效益

在我国，可可主要与橡胶、椰子和槟榔等热带经济林复合栽培，可以充分利用土地和自然资源，同时增加单位面积的经济效益1 000～1 500元/公顷。发展可可种植业有利于国内加工企业

降低原料采购成本和对进口原料的依赖度，打造可可全产业链经济，提高企业市场综合竞争力，有利于增加当地农民收入，改善农民生活水平，促进当地和谐社会的建设。按照目前年进口10万吨可可豆计算，至少需要栽培7万公顷可可，即在现有槟榔园中全部种上可可，才可以满足国内加工企业的强烈需求。栽培可可带来的持续性收益也将为农户、企业和政府带来新的经济增长点。

第二节　热带经济林产业概况

橡胶[*Hevea brasiliensis* (Willd. ex A. Juss.) Muell. Arg.]、槟榔（*Areca catechu* L.）和椰子（*Cocos nucifera* L.）是我国重要的热带经济林。橡胶、槟榔和椰子均属于高大的乔木，单一栽培林下光、热、水、土地等自然资源未得到充分利用，且单位面积经济效益不高，亟待寻找新的经济增长点以促进作物产业发展，而林下闲置的土地资源和林荫优势为农林复合栽培体系的建立提供了可能。关于热带经济林复合栽培技术将在本书第四章详细阐述。

一、天然橡胶产业发展现状

（一）国际地位

目前，天然橡胶主要分布在亚洲、非洲、美洲和大洋洲的60多个国家和地区。据FAO统计，2013年世界橡胶栽培面积约1 418万公顷，产量达1 196万吨，其中亚洲占91.5%，非洲占5.2%，美洲占3.2%，大洋洲占0.1%。世界橡胶产量的80%由泰国（32.29%）、印度尼西亚（25.97%）、越南（7.93%）、印度（7.52%）和中国（7.22%）生产（图1-2）。2013年我国橡胶栽培面积近70万公顷，仅次于印度尼西亚和泰国，居世界第3位，产量达86万吨，居世界第5位。经过60多年的发展，我国天然橡胶产业不断壮大，目前已形成以海南、云南和广东等地区为主的现代天然橡胶生产基地，满足国防和经济建设需要。

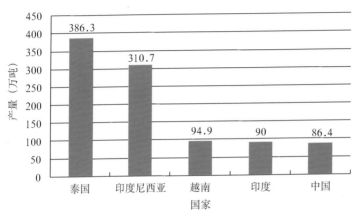

图1-2　2013年世界主要产胶国产量
（资料来源：FAO）

（二）生产现状

我国为非传统植胶区，受区域气候条件的影响，适宜植胶的土地面积相当有限，主要栽培在海南、云南、广东、广西和福建等地区。据FAO统计，2004—2013年，受天然橡胶价格上涨的刺激，我国天然橡胶收获面积不断增长，如图1-3所示，从2004年的45.43万公顷增加到2013年的68.59万公顷，10年间收获面积增长了50.97%。2004—2013年，我国天然橡胶年产量如图1-4所示，发展过程明显分为2个阶段：2004—2008年，受2005年"达维"台风和2008年低温寒害等灾害影响导致产量下降，整体呈波动性变化；2008以后产量呈快速增长趋势，2013年突破86万吨，10年间产量增长了50.46%。

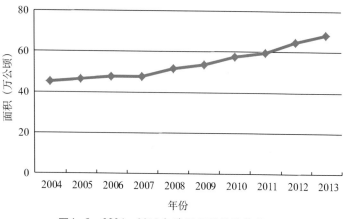

图1-3　2004—2013年我国天然橡胶收获面积

（资料来源：FAO）

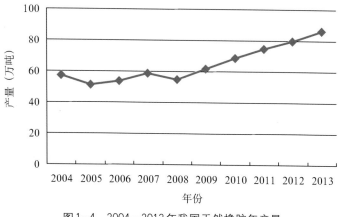

图1-4　2004—2013年我国天然橡胶年产量

（资料来源：FAO）

（三）贸易概况

1. 进口情况　2001年我国天然橡胶消费量达122万吨，超过美国成为世界第一大消费国，占世界总消耗量的21%；2002年至今，我国保持世界天然橡胶第一大进口国地位，2013年进口量达33.56万吨（图1-5）。

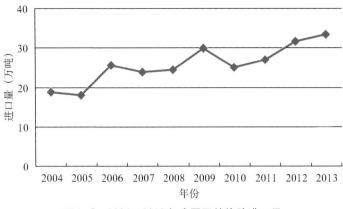

图1-5 2004—2013年我国天然橡胶进口量

（资料来源：FAO）

2．消费情况 如表1-2所示，2013年我国天然橡胶消费量达370万吨，占世界总消耗量的34%，缺口量283.52万吨，自给率为23.37%。过去10年我国天然橡胶消费量年平均增长率为10.23%，而产量增长率仅为4.95%，主要是由于天然橡胶生长期较长，产量增加缓慢，而我国轮胎行业快速发展，导致自给率年平均下降3.39%。预计未来我国天然橡胶仍会保持较高进口量。

表1-2 2004—2013年我国天然橡胶消费量和自给率

年份	消费量（万吨）	缺口（万吨）	自给率（%）
2004	163	105.53	35.26
2005	215	163.64	23.89
2006	240	186.20	22.42
2007	289.2	230.36	20.35
2008	292.2	237.41	18.75
2009	366.9	305.01	16.87
2010	342	272.92	20.20

（续）

年份	消费量（万吨）	缺口（万吨）	自给率（%）
2011	360.2	285.11	20.85
2012	383.4	303.17	20.92
2013	370	283.52	23.37

资料来源：FAO。

（四）经济与社会效益

天然橡胶产业是热带地区农业经济支柱和农民主要致富门路，约有300万人从事与橡胶栽培、加工以及提供科技、生产资料服务、运销、设备制造等相关行业。在主栽区几乎家家户户都植胶，农户的大部分经济收入来源于天然橡胶生产。在一些县市，当地的主要财政收入也是来源于天然橡胶产业，形成了"以胶致富"的经济格局。因此，天然橡胶产业是热区经济增长和农民增收的重要产业。

天然橡胶产业发展带来国家南部边陲社会稳定。我国天然橡胶产业主要分布在热带边疆地区，天然橡胶产业发展不仅增加农民经济收入，还推动了当地的基础设施建设，传播现代科学文明，加快当地社会发展，促进了当地社会繁荣，有利于南部边疆稳定。

橡胶林是良好的人工生态系统。橡胶树是多年生的高大乔木树种，一经建立可形成稳定的、覆盖率很高的生态系统，除可生产天然橡胶外，还生产大量木材。因此，与其他热带作物产业相比，植胶业是我国热带地区环境协调性最好的产业，促进热区社会经济发展，在热区生态环境等方面发挥十分重要的作用。

天然橡胶生产技术国际交流是重要交往手段。全世界有40多个天然橡胶生产国，主要分布在经济相对不发达和技术相对落后的东南亚和热带非洲地区。这些国家多数是农业国，农业技术交往是我国与这些热带国家技术交流的主要领域，而天然橡胶作为热带地区重要的资源性农业产业，从发展对外关系和满足我国资源需求出发，天然橡胶产业技术交流都必将成为我国对外技术交流的重要领域之一。

二、槟榔产业发展现状

（一）国际地位

目前槟榔主要分布在亚洲的10多个国家和地区，种植面积80万公顷，主产国是印度、印度尼西亚、孟加拉国、中国、缅甸、泰国、菲律宾、越南、柬埔寨等。世界槟榔年产600万吨青果，其中印度产量约占世界槟榔总产量的50%以上，居世界第1位。我国槟榔在世界槟榔生产中占据重要地位。据FAO统计，2013年我国槟榔收获面积约4.47万公顷，居世界第5位，产量达12.2万吨，居世界第3位。据农业部发展南亚热带作物办公室统计，2015年我国槟榔收获面积已达6.76万公顷，产量达22.92万吨。

（二）生产现状

我国槟榔主要分布在海南、云南及台湾。由于栽培管理粗放、成本低、经济效益明显，农户生产积极性高，近年来我国槟榔收获面积基本稳定。2001年起我国将槟榔列入海南经济林范畴，更促进海南全岛广泛栽培槟榔，成为海南东部、中部和南部200多万农户增加收入、脱贫致富的重要途径，加上从事槟榔栽培和加工的农户多达几十万户，槟榔产业已经成为海南农业中仅次于橡胶的第二大支柱产业，发展前景十分广阔。但由于槟榔病害较严重，尤其是近年来黄化病的发生和蔓延，导致海南琼海、万宁、陵水、琼中、三亚、乐东、保亭等槟榔主产区减产，染病植株产量一般会减少70%～80%，甚至出现大面积死亡，给海南槟榔种植业造成了巨大损失。由于尚未发现有效的防治方法，只能对大面积发病槟榔园进行砍除烧毁，致使槟榔面积和产量均呈下降趋势（图1-6、图1-7）。

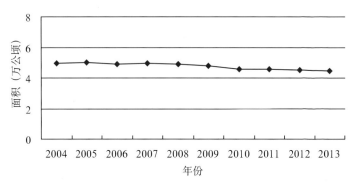

图1-6　2004—2013年我国槟榔收获面积

（资料来源：FAO）

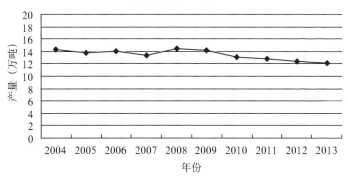

图1-7　2004—2013年我国槟榔产量

（资料来源：FAO）

（三）贸易概况

价格是影响槟榔产业发展的直接关键因素之一。近几年海南槟榔鲜果收购价格波动较大，高峰期的平均单价达20元/千克，低谷时不到2元/千克。湖南槟榔产品价格随海南收购价格影响而波动。台湾槟榔价格波动也很大。槟榔价格的高低直接影响农户栽培管理的积极性，价格的频繁急剧波动不利于我国槟榔产业的持续健康发展。

三、椰子产业发展现状

(一)国际地位

目前椰子分布在亚洲、非洲、大洋洲和拉丁美洲的90多个国家和地区,主产国为菲律宾、印度尼西亚、印度、斯里兰卡、越南、马来西亚、泰国等。据FAO统计,2013年世界椰子收获面积为1 205万公顷,椰果产量为6 218万吨;我国椰子收获面积为3.25万公顷(图1-8),仅占世界收获面积的0.27%,居世界第26位,产量为28万吨(图1-9),仅占世界总产量的0.45%,居世界第17位。

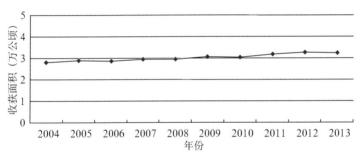

图1-8 2004—2013年我国椰子收获面积

(资料来源:FAO)

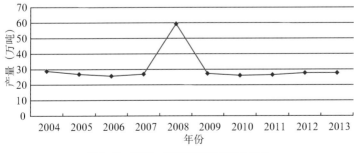

图1-9 2004—2013年我国椰子产量

(资料来源:FAO)

（二）生产现状

目前我国90%以上的椰子分布于海南，此外云南、广东、广西、福建及台湾南部地区也有栽培。据FAO统计，2004—2013年我国椰子收获面积整体呈增加趋势，椰果产量在2008年迅速提高，2009年又恢复到2008年之前水平，此后发展稳定。

（三）经济和社会效益

椰树是海南的省树，也是重要的经济作物之一，椰子产业在海南人民生活、经济发展和生态功能等领域扮演着重要角色，发展椰子产业是海南生态省建设、打造"全域旅游"，推进旅游供给侧改革的重要体现。然而，许多椰农对椰子的田间管理不够重视，任其自由生长，很少采取施肥、除草和病虫害防治等必要的田间管理措施，导致椰园杂草丛生，土壤肥力越来越低，椰树营养不良，树冠逐渐变细，椰果个小稀少，单位面积产量与其他热带经济作物相比差距很大，严重制约了椰子产业的发展，亟待采用集约、高效、高产的生产方式栽培椰子，以便充分利用有限的热区资源，缓解椰子产品市场严重供不应求的矛盾。

第三节　热带香料饮料作物复合栽培概况

农林复合生态系统（agroforestry），又称农林复合经营、农林复合栽培，也称林（果）农间作，是将木本多年生植物通过空间布局或时间布局，与农作物和（或）家畜合理地安排在同一土地经营单元内，使其形成各组分间在生态和经济上具有相互作用的土地利用系统和技术系统的集合。热带农林复合栽培，则是农林复合栽培学的理论与技术在热带与南亚热带地区的具体应用。其基本任务就是研究如何通过人工设计，构建或修复一个具有优质、高效、稳定和可持续的热带农林复合生态系统，通过协调人与自然的关系，使人类对环境和资源的管理更加有效，对农业自然资源的利用更加合理。热带农林复合栽培的实施，有利于实现热带农业与农村的可持续发展。

一、农林复合系统的国内外发展现状

农林复合系统是一种古老的土地利用和经营方式，始于刀耕火种的远古时代，伴随着古代农业的发展而逐步发展实践。但是，直至20世纪70年代，由于人口剧增、粮食短缺、资源危机、环境恶化等全球性问题的出现，才使得农林复合系统备受重视，并得到迅速发展。为推动农林复合系统的发展，促进各国实践经验和研究的交流，在加拿大国际发展研究中心（IDRC）的资助下，1976年成立了国际农林复合生态系统研究中心（ICRAF）。

热带地区的国家大多是发展中国家，资金缺乏、技术落后是这些国家的基本国情。经过毁"林"造"田"，以牺牲生态环境为代价的农业发展道路，实现农业生产的可持续发展已成为发展中国家面临的重要问题。在此背景下，科学家们提出了在热带地区推行农林复合经营的土地利用制度，以达到在不破坏生态环境的前提下，发展农业和林业生产的目的。相对发展中国家和地区而言，发达国家的农林复合经营对生态防护作用及防护林体系的认识较早，而且非常深刻。近年来，世界上众多国家和地区对农林复合的研究都十分重视。

（一）国外农林复合系统的发展现状

近年来，国外对农林复合系统的研究偏重于基础理论的研究，农林经营模式发展时间早，模式多，种类丰富。在许多国际组织的资助下，国外对农林复合经营结构、功能及生产力的研究较为具体和深入。但是，在对农林复合系统的应用及将其作为整体来研究农、牧、渔相结合方面的工作相对较少。

1. 亚洲　亚洲地区是农林复合系统的主要发源地之一，有着悠久的历史，近年来发展迅速。较有代表性的模式有印度、泰国、缅甸和越南等国家农民实行的林农间作和林牧结合等复合经营。我国热带地区实行的胶茶系统、华北平原地区的农桐间作等，在世界上享有盛誉。目前，在联合国环境开发署、联合国粮农组织和日本、荷兰等国的协调和支持下，亚洲农林复合生态系统的研究已经逐渐形成网络，其中较活跃的有亚太农林复合生态系统网络（APAN），参加国主要是南亚地区的国家。

2. 非洲　许多发达国家和机构在非洲进行农林复合系统的研究与推广，国际农林复合生态系统研究中心更是将非洲作为开展农林复合系统研究与推广的重要试验区。该地区主要实行的农林复合类型有庭园式农林复合系统，条带式混交体系，农田防护林系统等。目前，非洲已有热带非洲农林间作网络（AFNETA）、东部及南部非洲牧草网络（PANESA）等大的国际合作机构。这些网络使农林复合系统从研究到推广形成了一个较为完整的体系。

3. 美洲　近年来，美洲的许多国家如美国、加拿大、巴西、墨西哥等国在水肥利用、生物多样性、土地资源优化设计、经济风险和可持续发展等方面均开展了较多研究。主要农林复合类型是乔木与经济作物或灌木混种、林牧体系和农田防护林系统等。中美洲推行的农林复合系统有果树与咖啡、可可间作，果树与牧草间作等。

4. 欧洲　欧洲的农林复合系统虽有较长的历史，但其类型和规模均不及亚洲和非洲等地区，深入研究也是在最近几年才兴起。现有的农林复合类型主要分布在地中海附近的地区。

5. 大洋洲　该区域主要以澳大利亚和新西兰等国对农林复合系统的建设时间和研究水平比较深入。在南太平洋岛国，也开发了适合当地的农林复合模式，并得到推广。

（二）我国农林复合系统的发展现状

农林复合系统在我国已有1 000多年历史。从20世纪70年代开始，经过40余年蓬勃发展，创造出了众多发展模式，在我国农业的可持续发展中具有重要地位。

目前我国的间作面积居世界第1位。据文献报道，我国每年有2 800万～3 400万公顷的土地用于间作，占全国耕地面积的20％～25％，其中大部分为农林复合系统，间作作物包括玉米、大豆、花生、马铃薯、小麦、谷物、蚕豆、烟叶、棉花、高粱、芝麻、大蒜、蔬菜、木薯等。有学者将中国间作区划分为以下4个部分。Ⅰ区：东北和北部地区；Ⅱ区：西北地区；Ⅲ区：黄淮河谷地区；Ⅳ区：西南地区。不同间作区的种植制度也不同，从一熟作物间作（Ⅰ+Ⅱ区），到玉米、小麦复种两熟或套种两熟模式（Ⅲ区），到不同作物轮作的一年三熟制（Ⅳ区），以及用轮作取代间作。间作已经成为中国北方花生生产最普及的种植方式。在甘肃河西走廊、宁夏和内蒙古地区的小麦间作玉米的种植方式也比较普及。

本书主要讨论在我国热带和南亚热带地区采用较多的农林复合模式。胡耀华等（2006）对我国热区的主要农林复合系统类型进行了总结，其中涉及香料饮料作物的农林复合系统主要有以下体系。

一是胶农间作。橡胶树种植初期，所占空间面积很小，即使到了第5年，仍有30％～40％的土地未被利用，因此，大多数东南亚植胶国家利用其间种植一些经济作物，如橡胶与胡椒、咖啡间作。橡胶林下种植益智、砂仁，一般是在橡胶树定植后4年开始，这时橡胶树形成了一定荫蔽，适合益智、砂仁等的生长要求。

二是椰农间作。椰子茎干挺直，冠幅较大，树冠下空间大，适合与胡椒、咖啡、可可等间作。

三是柚木林间作。柚子林与咖啡间作，通常以柚木为上层，咖啡为中层，豆科作物、蔬菜等为下层，组合成以咖啡为主的复合结构。

我国热区主要分布于海南全省，广东、广西、云南、福建、湖南、江西等省（自治区）的南部，四川、贵州两省南端的干热河谷地带，以及台湾地区，面积约50万平方千米（约占国土面积的5%），人口1.7亿人，有36个少数民族（未统计台湾地区）。自2010年《国务院办公厅关于促进我国热带作物产业发展的意见》发布以来，天然橡胶、椰子、槟榔、香草兰、胡椒、咖啡、可可等热带作物发展迅猛，在满足国家特色农产品需求，服务国家科技外交，促进热带地区边疆稳定、民族团结、农村繁荣与农民增收等方面都发挥着重要的作用。热区发展农林复合栽培具有如下优势。

（1）自然资源优势　光照充足，热量丰富，降水量丰富。光、热、水、气等气候资源和土壤、地形等土地资源具有明显的区域性优势，为发展农林复合生产提供了优越的条件。

（2）作物优势　香草兰、胡椒、咖啡、可可等热带香料饮料作物是我国特色热带经济作物，其生产潜力大、用途广、附加值高、需求量大，在国民经济和社会发展中占有独特地位，已成为热区，特别是边远不发达地区农民经济收入的主要来源。热带香料饮料作物在生产上均需一定程度的荫蔽，这就为复合栽培提供了可行性。近年来，特色热带作物发展迅速，已成为热区山区和少数民族聚集区农民增收的新亮点。

（3）综合效益优势　热带农林复合栽培高效利用现有的林下土地资源和林荫优势，借助林地的生态环境，在林冠下开展生产经营，从而实现农林资源共享、优势互补、循环相生、协调发展。不仅降低了经营者的劳动力成本，减少了肥料等物资成本，而且提高了单位面积经济效益。尤其在以短补长，解决间作物非生产期缺少收入的问题，减少由于市场价格波动和自然灾害等对产业发展造成不利影响等方面，发挥着重要的作用。随着林下经济活动成就的取得，以及社会经济发展的需求，林下经济越来越得到社会的普遍重视，受到了百姓认可与青睐。

（4）政策优势　2010年10月，《国务院办公厅关于促进我国热带作物产业发展的意见》（国办发[2010]45号）明确提出：强化支持政策、完善配套措施、挖掘资源潜力、优化产业结构、转变发展方式，促进我国热带作物产业的持续健康发展。

2012年，国务院办公厅文件《关于加快林下经济发展的意见》（国办发 [2012]42号）明确提出：要加大科技扶持和投入力度，重点加强适宜林下经济发展的优势品种的研究与开发；推进示范基地建设，形成一批各具特色的林下经济示范基地，通过典型示范，推广先进实用技术和发展模式，辐射带动广大农民积极发展林下经济。

2013年9月和10月，国家主席习近平在出访中亚和东南亚国家期间，先后提出共建"丝绸之路经济带"和"21世纪海上丝绸之路"（简称"一带一路"）的重大倡议，而海南被列为"一带一路"的重点区域。许多丝绸之路沿线国家均是热带香料饮料作物的主产国，对新品种和种植技术有强烈需求，这为农业科技"走出去"提供了有利条件。

2014年中央一号文件《关于全面深化农村改革加快推进农业现代化的若干意见》也强调："努力走出一条生产技术先进、经营规模适度、市场竞争力强、生态环境可持续的中国特色新型农业现代化道路。"这些针对我国农业农村发展的新形势而做出的战略决策，为我国热区坚持走可持续发展道路，为我国热区林下经济产业的发展指明了方向。

二、存在的主要问题

经过多年生产实践，热带香料饮料作物复合栽培已经成为热带农业发展的新模式，但也存在一些问题。

1. 规模化和产业化程度较低　虽然许多热带作物产业的规模发展迅速，但是从整体水平来看，我国热带作物产业经营效率仍较低，规模化、规范化农林复合经营仍较少，多为农户分散栽培，不利于生态环境保护，没有从根本上摆脱传统农业的低水平生产力现状。

2. 复合栽培技术不配套　经过多年研究和筛选，槟榔/香草兰、槟榔/胡椒、槟榔/咖啡、槟榔/可可、椰子/咖啡、椰子/可可等已成为热带香料饮料作物复合栽培的典型示范模式，但是这些模式仍存在管理粗放、种植密度不合理、养分管理和病虫害防治等生产技术不配套等问题，限制了经济效益潜力发挥，影响了农户的生产积极性，严重制约了热带香料饮料作物复合栽培产业的发展。

3. 缺少资金投入　近几年，国家十分重视林下经济和热作产业的发展，要求加大投入力度。但由于前期林下栽培资金投入较少，加上需要支持的范围比较广，因此一定程度上限制了引进复合栽培新品种、发展新模式、应用新技术及产业链延伸的实践。

4. 缺少劳动力　农业劳动季节性比较强，特别是果实采收时期，用工量集中且大。目前农村劳动力外流比较普遍，可用劳动力不足。另一方面，建筑业、服务业等行业收入较高，而农业生产考虑到实际经济效益的问题，雇佣工人的报酬普遍偏低，使得愿意从事农业生产的人员较少。

热区农用土地面积十分有限，扩大经济作物产业规模有必要寻求新的模式。热带香料饮料作物复合栽培是热带农林复合系统的一种主要类型，早期推行热带香料饮料作物复合系统建设的方法是以林下栽培为主。然而，长期以来林下栽培模式难以突破，构建方法落后，配套栽培技术缺乏，在这个背景下，中国热带农业科学院香料饮料研究所提出了热带香料饮料作物复合栽培模式新的构建方法，统筹兼顾经济作物和经济林，通过对种植密度、传统施肥、水肥一体化施肥、病虫害防控技术等关键技术环节开展系统研究，形成了一套完整成熟的复合栽培技术。热带香料饮料作物复合栽培即是对农林复合系统的优化推广运用，可以理解为以生态学、经济学为基础，在同一土地单元上，人为地将热带香料饮料作物与林木按一定时间、空间合理搭配进行立体多层次栽培，全面促进热带经济作物和经济林产业的发展，是新经济增长最具潜力的发展方向，是"走科技先导型、资源节约型、经济效益高发展道路"的具体体现，有利于实现农业与农村的可持续发展，为今后林下经济、热带高效农业的发展提供了样本借鉴。

第二章

生物学特性

第一节 热带香料饮料作物生物学特性

热带香料饮料作物复合栽培的原理是在充分考虑热带香料饮料作物生物学特性的前提下，模拟其生长的原生态环境，通过林木的宽大冠幅提供适度荫蔽，使地上部和地下部的相互作用达到平衡，或消减抑制作用。复合栽培的作物不仅长期共存，而且充分利用了土地资源，发挥了保护生物多样性作用。不仅可以改善林中的光、温条件，形成适合两种植物生长的小气候，还可以利用香料饮料作物形成良好的地面覆盖，而凋落物的分解又可促进养分循环，提高土壤肥力，从而提高产量和品质，减少病虫害发生，直接减少了化肥和农药等物资投入。利用不同作物根系在不同土壤层的分布差异，提高水分利用效率，改善水土保持状况。通过种间互作消减连作障碍，使长短期作物优势互补，同时减少劳动力，节约成本，极大地提高单位面积附加值，提高综合效益。

香草兰属半阴性植物，不同荫蔽度条件下茎蔓生长存在一定的差异。研究表明，70%～75%荫蔽度时香草兰茎蔓生长较快。

胡椒光补偿点为100勒克斯，光饱和范围在2.5万～5万勒克斯，是喜阴植物。在我国胡椒主要植区海南，3～12月的光照强度均高于其光饱和范围，所以应对胡椒进行适度荫蔽。研究表明，适度遮阴对提高胡椒的产量和品质均有较好的作用。生产中还发现适度荫蔽可以改善胡椒复合系统的微区小气候，提高胡椒的光合速率、养分吸收率，增加产量，降低病虫害的发生率。而不合理的荫蔽会对胡椒生长发育产生系列影响：阳光直射导致其光合速率迅速下降，植株生理代谢紊乱，过度荫蔽则会导致胡椒开花期的花量减少，病虫害入侵，从而造成减产。

咖啡原于荫蔽或半荫蔽的森林和河谷地带，属于半阴性作物，整个生育期需要一定程度荫蔽，适宜在人工经济林，如橡胶、椰子和槟榔等林下种植。不同的品种耐荫蔽程度不同，一般小粒种咖啡比中粒种咖啡耐光，但荫蔽度过大时，植物营养生长过旺，枝叶徒长，导致开花结果量少，产量降低。对于不同品种的咖啡，其幼苗期均需要较多的荫蔽，适宜的荫蔽度为60%～70%。成龄树根据品种不同，所需光照强度不同，一般田间定植后至结果期前适宜的荫蔽度为40%～60%，结果期适宜的荫蔽度为20%～40%。应根据种植园的光照情况，选择不同的品种，采用适宜的种植方式。

可可原于南美洲热带雨林，其整个生长过程均需要一定的荫蔽，尤其对于幼龄可可，适度荫蔽有助于缓解水分和养分胁迫对幼苗的损伤。采用复合栽培模式种植可可，可保护生物多样性，增强碳固定，增加土地肥力和抗旱性，同时控制杂草和病虫害。

一、香草兰生物学特性

（一）形态特征

香草兰属浅根系植物，根分为地下根和气生根两种，由土表蔓节上长出的地下根，沿土表延伸，入土后产生多级支根，根端布满白色绒毛，具有吸收水分和养分的功能（图2-1）。气生根从每个蔓节的叶腋对侧长出，地上部每个蔓节均能长出1～2条气生根，用于缠绕支柱物，起固定使茎蔓易于向上攀缘的作用。茎蔓浓绿色，圆柱形，肉质，多节，不分枝或分枝细长，有较强的再生能力，原蔓断顶后20～25天，腋芽便发育抽出新蔓（图2-2）。

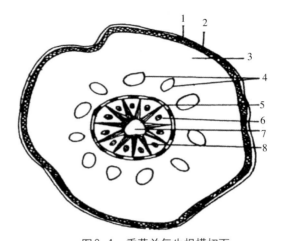

图2-1 香草兰气生根横切面

1.表皮 2.木栓层 3.皮层 4.空腔 5.内皮层 6.韧皮层 7.髓 8.木质部

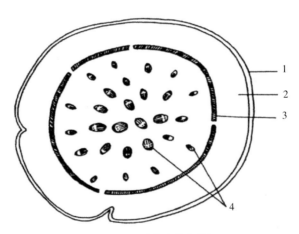

图2-2 香草兰茎蔓横切面

1.表皮 2.皮层薄壁组织 3.内皮层 4.维管束

香草兰的叶为单叶互生，肉质，浓绿色，叶大而扁平，肥厚有光泽，几乎无叶柄，呈圆形、广椭圆形、长椭圆形等。花雌雄同株，腋生，总状花序，花浅黄绿色，呈近似于螺旋状相互排列于花序轴上。盛开的花朵略有清香，由萼片、花瓣及中央柱状器官（含雄蕊和雌蕊）组成，其中一个花瓣退化并增大形成唇瓣，萼片和花瓣几乎呈线性排列，趋于长椭圆形到扁球形，钝形趋于稍尖形（图2-3）。每朵小花结一蒴果（果荚），果荚长圆柱形，长10～25厘米，直径0.8～3.3厘米，成熟时呈浅黄绿色到深褐色。每条果荚有几百到几万粒种子，种子褐黑色，倒卵形，平滑光亮，平均长0.31毫米，宽0.26毫米。

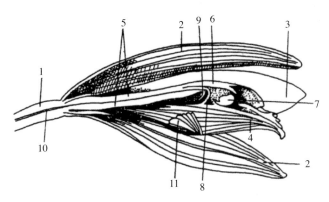

图2-3　香草兰花纵剖面

1.子房　2.萼片　3.花瓣　4.唇瓣　5.合蕊柱　6.花丝
7.花粉块　8.蕊喙　9.柱头　10.胎座　11.唇瓣的片状增生

（二）开花结果习性

香草兰定植2～3年后开始开花结果，5～12年达到盛产期。开花时期与气候条件密切关系，不同地区开花时间不同，初花期为1～4月。花芽由叶腋抽出，刚萌芽时类似营养芽，但牙尖较圆胖，大部分着生于较粗壮的当年生茎蔓上，连节着生或隔节、隔数节着生，没有一定的分布规律；其花序为直立穗状，通常在一条茎蔓上能同时抽生1～30个花序，每一花序长4～21厘米，有7～24朵小花，花序上的小花由基部自下而上顺序开放，每个花序每天同时开放的小花一般只有 1 ~ 3 朵，通常只有 2 朵，很少超过 4 朵。在没有虫媒情况下，香草兰的花须经人工授粉，授粉成功后 35 天内果荚迅速增大，长度和厚度都明显增加，随后果荚生长缓慢，长度和厚度增加不明显，45 天后果荚停止继续生长而趋向稳定，以后逐渐转入发育成熟阶段，一般从开花到果荚成熟需 8 ~ 9 个月。

（三）对环境条件的要求

香草兰是典型热带雨林的兰科植物，在其生长发育期间，要求温暖、湿润、雨量充沛而又不过多，并有一定荫蔽度的气候环境。

1. 气温 适宜香草兰正常生长发育的年平均气温为 24℃ 左右，月均气温 21 ~ 29℃，最适月均温为 25 ~ 29℃，最冷月平均气温和年平均气温都在 19℃ 以上。月均温低于 20℃ 香草兰生长缓慢，持续 5 天日均温低于 15℃ 则茎蔓停止生长。

2. 湿度 香草兰在湿润的环境条件下才能正常生长，适宜的年降水量为 1 500 ~ 3 500 毫米，要求降雨分布均匀。一般年雨季 9 个月，年旱季 3 个月（花芽分化期），干燥度 0.4 ~ 0.65，相对湿度 80% 以上适宜香草兰茎蔓生长。

3. 光照 年日照时数 2 473 ~ 2 564 小时，日照百分率 56% ~ 58%，平均每日实照时数 6.8 ~ 7.0 小时适宜香草兰正常生长。

4. 荫蔽度 香草兰是喜阴植物，适宜生长的荫蔽度为 50% ~ 70%，同时应调节不同生长期的荫蔽度至适宜的范围，保持透光率 30% ~ 50%。雨季及生殖生长期（花芽分化期、开花期）宜减小荫蔽度（50% ~ 55%），而旱季和营养生长阶段宜提高荫蔽度（70% ~ 75%）。

5. 土壤 土壤质地和酸碱度等对香草兰的生长至关重要。在平地和降水量大的园地，必须有良好的排水系统，且土壤要求壤土或沙砾土。香草兰对土壤酸碱反应极为敏感，在pH6.0～7.0范围生长良好，最适宜的pH为6.5，pH低于5.5或高于7.0都抑制其生长，低pH的抑制作用大于高pH。酸性土壤施石灰有利于香草兰生长和养分吸收。

二、胡椒生物学特性

（一）形态特征

1. 根 生产上栽培的胡椒由于多采用无性繁殖的插条苗而没有真正的主根，根系是由骨干根、侧根和吸收根组成，垂直分布在0～60厘米土层内，以10～40厘米土层最多，深的可达1米以上（图2-4）。

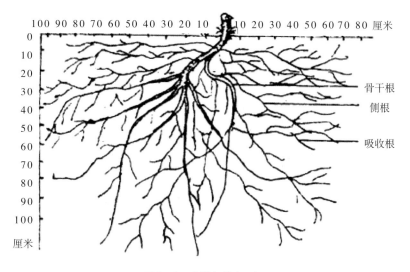

图2-4 成龄胡椒根系

2. 蔓 胡椒藤也叫做蔓，按栽培措施的整形要求保留的几条攀缘于支柱上生长的蔓叫主蔓。胡椒的蔓近圆形，略有弯曲，蔓基部一般粗3.5～5厘米。蔓上有节，在节出现10～15天后，便可长出气根，气根状如手指，粗约1厘米，长0.5～3厘米，数量10～50条。蔓节上的叶腋有休眠芽，当生长受到抑制或水肥充足时，休眠芽便萌动长出新蔓，并在基部两侧形成2个新的休眠芽（图2-5）。

图2-5　胡椒蔓

3. 叶　胡椒的叶厚，近革质，阔卵形至卵状长圆形，稀有近圆形，长10～15厘米，宽5～9厘米，顶端短尖，基部圆，常稍偏斜，两面均无毛；叶脉5～7条，稀有9条，最上一对互生，离基1.5～3.5厘米从中脉发出，余者均自基出，最外一对极柔弱，网状脉明显；叶柄长1～2厘米，无毛；叶鞘延长，长度常为叶柄的一半（图2-6）。

图 2-6　胡椒叶片

4. 花　胡椒的花杂性，通常雌雄同株，花序与叶对生，短于叶或与叶等长，总花梗与叶柄近等长，无毛，苞片匙状长圆形，长3～3.5厘米，中部宽约0.8毫米，顶端阔而圆，与花序轴分离，呈浅杯状，狭长处与花序轴合生，仅边缘分离；雄蕊2枚，花药肾形，花丝粗短；子房球形，柱头3～4，稀有5（图2-7）。

5. 果　胡椒的浆果球形，无柄，直径3～4毫米，成熟时红色，未成熟时干后变黑色。花期6～10月（图2-8）。

（二）开花结果习性

胡椒枝条上的侧芽是混合芽，花芽和叶芽同时分化，花芽在植株营养适合时发育成为正常的花穗，开花结果。

胡椒几乎全年都可抽穗开花，海南地区温度较高，一般放秋

图2-7　胡椒花序

图2-8　胡椒果实

花（9 ～ 11月），温度较低的地区一般放春花（4 ～ 5月）。胡椒花为穗状花序，花期较长，一般需 2 ～ 3个月，从抽穗开花至果实成熟需要9 ～ 10个月。

（三）对环境条件的要求

胡椒原产热带雨林，属常绿藤本植物，根系浅，对光、温、水、风、土壤等条件的要求较高。

1. 温度 温度是胡椒生长和分布的限制因素。目前世界胡椒多分布在南纬20°与北纬20°之间，年平均温度在25 ～ 29℃，月平均温差不超过3 ～ 7℃。从我国胡椒栽培情况看，平均温度在21℃的无霜地区，胡椒都能正常生长和开花结果，而以年平均温度25 ～ 27℃最适宜，温度过高或过低都不利于胡椒生长。月平均温度低于18℃时，胡椒生长缓慢，低于15℃时基本停止生长。绝对低温小于10℃时，嫩叶将受害；日绝对温度低于6℃，持续2 ～ 3天，嫩蔓、嫩枝受害而断顶；极端低温2℃以下，凝霜，就会导致枝节脱落、蔓枯、落果。

植株耐低温能力与温度变幅大小、环境、树龄及管理情况有关。气温陡降，温差变幅大者，植株易受害。静风或避风环境较迎风地区受害轻。成龄胡椒较幼龄胡椒不易受害。抚育管理好，长势壮，冬前施用钾肥，且有防寒设施的，都可减轻植株的寒害。因此，在气温较低地区，应特别注意椒园小环境的选择。选好防护林和复合栽培作物，加强大田管理，采取防寒措施，就可减轻或避免低温寒害。温度过高，对植株也不利。气温高于35℃时，植株生长受到抑制；高于39℃，嫩叶受害。地表温度高于35℃时，植株生长受到抑制；高于39℃时，嫩叶受害；高于52.5℃时，幼苗蔓枝被灼伤，重者导致植株死亡。因此，幼龄椒园应特别注意荫蔽和覆盖。

2. 降水量 胡椒要求充沛而分布均匀的降水量，但最忌积水。降水量过于集中，土壤含水量过多，排水不良，对胡椒生长不利。

持续3个月以上月降水量大于1 000毫米或大于500毫米，或持续5 ～ 6个月降水量大于300毫米，椒园积水，都易造成植株水害烂根，引起胡椒瘟病的发生和流行，致使植株大量死亡。一般土壤含水量30%时生长较好，低于21%时，生长受到抑制。高温干旱，土壤含水量低于18%时，轻者植株生长不良，叶片褪绿，影响开花结果，果实皱缩，脱落，造成减产，重者植株枯蔓死亡。我国胡椒主要栽培地区年降水量一般在1 500 ～ 2 500毫米，少数地区1 000毫米以下，且分布不均匀，因此必须抓好排灌及水土保持工作，才能使胡椒获得速生高产。

3. 风　胡椒为藤本植物，攀缘生长，蔓枝脆弱，抗风力差，要求静风环境。通常风大的地区，植株嫩叶破损，蔓枝易扭伤，影响生长，强台风则吹断枝蔓、叶片或吹倒支柱、扭伤主蔓，造成蔓枯死亡或招致病害发生。一般年平均风速3米/秒以下，胡椒可正常生长，以2米/秒以下生长最好；年平均风速大于3米/秒，植株生长受影响。因此，在建立胡椒园时，应注意保留和营造防风林，提前定植复合栽培作物，做好防风工作。

4. 光照　胡椒对光照的要求因品种和树龄而异。幼龄胡椒，特别是一年生植株需要适度的荫蔽（以30% ～ 40%荫蔽度为宜）。成龄植株则需要充足的光照，才能正常开花结果；过于荫蔽会使植株营养生长旺盛，枝条徒长，叶片宽大，组织不充实，抽花穗少，产量低。因此，营造防风林不宜过于靠近胡椒园（一般距植株5米左右），使用槟榔等作活支柱者，要定期修枝，使植株通风透光，以保证产量。阳光过于强烈，植株生长也受影响，叶片、果实易被灼伤。

5. 土壤和地形　胡椒多栽培在海拔500米以下的平地和缓坡地，以土层深厚、土质疏松、排水良好、pH 5.5 ～ 7.0、富含有机质的土壤最适。从我国主要植椒区的胡椒生长情况来看，排水良好的沙壤土最好，植株生长快，结果多，病害少，寿命长。排水不良和低洼地，胡椒易发生水害和瘟病。碱性大的土壤也不宜选作胡椒园。多数植区的土壤条件，完全符合胡椒生长要求的不多。因此，要获得胡椒的速生高产，必须进行大量的土壤改良工作，特别是要改良土壤的排水性能。

6.叶片的光合作用与环境的关系　据研究，胡椒光合作用的大小与光照的关系是呈单峰曲线变化的，光补偿点为100勒克斯、光饱和点为25 000 ～ 50 000勒克斯。胡椒光合作用的大小与温度的关系也是呈单峰曲线变化的，最适宜的温度为25℃。一年之中由于温度以及光照强度等因素的影响，以4 ～ 6月胡椒光合作用强度较低，但此时正是海南胡椒结果灌浆、发育膨大的关键时期，因此应注意抗旱喷灌，以保持椒园的空气湿度，降低椒园环境温度，提高土壤含水量，改善胡椒光合作用的环境条件，提高光合效能，增加胡椒的果实千粒重，提高胡椒产量。在低温季节，一日之中胡椒光合强度高峰值出现在12 ～ 14时或14 ～ 16时，除了温度低外，光照不足是其主要原因之一。因此应加强椒园的修剪工作，以改善光照条件，提高胡椒叶片的光合作用效率。

三、咖啡生物学特性

咖啡为多年生常绿灌木或小乔木，因品种、生长环境、修剪方式不同而树型不同，一般株高1.5 ～ 10米。小粒种株高较低，枝条密集，一般长成紧凑型圆筒状树冠；中粒种株高中等，一级分枝较长，结果后常下垂，二级分枝少，树冠疏透开展；大粒种株高较高，主干和枝条粗壮，种植多年后可长成高大乔木。总的来说，咖啡是一种较易栽培的热带经济作物，定植2 ～ 3年结果，管理好的收获期可达20 ～ 30年。

（一）形态特征

1.根　咖啡根系为圆锥根系，有一条粗而短的主根和许多发达须根。侧根有较明显的层状结构，一般每隔5厘米左右为一层；在30厘米以下，层状不明显，主根变成细长呈吸收根形态向下伸展；表土层吸收根粗而洁白，30厘米以下的根颜色较黄，生势纤弱，咖啡根系的水平分布一般超出树冠15～20厘米。图2-9为定植后1.5年的中粒种咖啡根系分布情况。

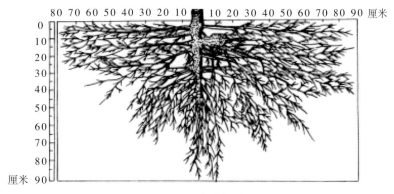

图2-9　咖啡根系

2. 茎　咖啡的茎又称主干，是由直生枝发育而成，嫩茎略呈方形，绿色，木栓化后呈圆形，褐色。节间长4～7厘米，但在过度荫蔽情况下可长达20～25厘米。每个节上有一对叶片，叶腋间有上芽和下芽，上芽发育成为一分枝，下芽通常处于休眠状态，在去除顶芽后，下芽萌发发育成新的直生枝（图2-10）。

3. 叶　咖啡的叶片椭圆状披针形至长椭圆状披针形，绿色，革质，有光泽，羽状脉，小粒种7～8对，中粒种10～11对。小粒种叶片较小，中粒种叶片较大；小粒种和中粒种叶缘波纹较明显，大粒种叶缘无波纹；过度荫蔽叶缘波纹不明显，强光照下波纹明显；小粒种叶尖较尖，中粒种叶尖尖长（图2-11）。

上芽，已发育为一分枝

下芽

图2-10　咖啡的茎

小粒种

中粒种

大粒种

图2-11　咖啡叶片

4. 花　咖啡的花腋生，呈聚
伞花序，数朵至数十朵，每2～5
朵着生在一花轴上，花白色，长
2.5～3厘米，芳香，花瓣5～8
片，花瓣基部连结成管状，形成高
脚碟状花冠，雄蕊数目与花瓣数
目相同，花药2室，纵裂。雌蕊花
柱顶生，柱状2裂，子房下位（图
2-12、图2-13）。小粒种为自花授
粉，中粒种为异花授粉。

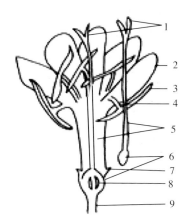

图2-12　咖啡花构造
1.柱头　2.花瓣　3.花药
4.花丝　5.花柱　6.子房　7.花萼
8.胚珠　9.花柄

休眠期

热带香料饮料作物复合栽培技术

即将开放期

开放期

图2-13　不同时期咖啡花序形态

44

5.果实和种子 咖啡果实为浆果，长1.4 ～ 1.6厘米，宽1.3 ～ 1.5厘米，厚1.2 ～ 1.4厘米，成熟时为红色（图2-14）。果实的果顶（称为果脐）因品种不同而异，小粒种果顶较平，中粒种有的类型果顶凸起较明显。每一果实内含2粒种子，有的只含1粒种子。种子形状为椭圆形或卵形，呈凸平状（图2-15）。

图2-14 成熟咖啡果实

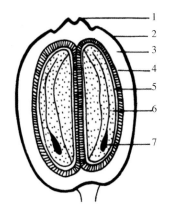
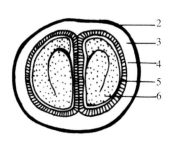

图2-15 咖啡果实构造

1.果脐 2.外果皮 3.中果皮 4.内果皮 5.种皮 6.胚乳 7.胚

（二）开花结果习性

1. 花芽发育　咖啡花着生于叶腋间，分枝及主干的叶腋均能形成花芽，但主要在分枝上。咖啡是一种短日照植物，在日照时间超过13小时或夜间使用人工光照情况下，植株只有营养生长。咖啡花芽一般在7月以后开始发育，如中粒种在7月下旬花芽开始发育，在阳光充足枝条上的腋芽能正常发育成为花芽，而在过度荫蔽条件下纤细枝条上腋芽多数不能发育成花芽。小粒种咖啡花芽在10～11月开始发育，只要生长粗壮的枝条上的腋芽，一般都能发育成花芽。由于花芽形成所需时间不同，单个叶腋中花芽发育也有先后，因此形成多次开花现象。

不同时期生长的腋芽，发育成为花所需时间不一样。如在海南地区，中粒种咖啡在10～11月形成的腋芽从开始发育至开花，需时最短，一般90～120天；5～10月形成的腋芽，需时120～150天，但也有较快的，仅需90多天；5月以前长出的腋芽发育最慢，约需180天。

2. 开花规律　咖啡花期因品种环境不同而异。小粒种盛花期在云南为4～6月，在海南为3～4月；中粒种在海南从11月至翌年4～5月均陆续开花，2～4月为盛花期。咖啡开花期与雨水的关系甚为密切，咖啡花芽形成后生长很慢，小粒种花芽2个月才长到4～6毫米，以后就完全停止生长，在雨后或进行人工灌溉7～10天内即可开放。如果遇到高温干旱，小粒种花芽发育不正常，形成"星状花"，不能正常开放。中粒种咖啡花芽遇到干旱发育迟缓，花蕾细小，极度干旱时，花蕾会变成粉红色，不能开放。

咖啡花在清晨3～5时初开，5～7时盛开。气温13℃以上有利于开花。雄花在盛开前即开始散出少量花粉，到10时左右花粉全部裂开，散出大量花粉。中粒种的花粉比小粒种的花粉多，小粒种咖啡的柱头成熟早。中粒种柱头比雄蕊成熟慢，在花粉散出后才开始成熟，下午充分成熟，如遇到不良天气，柱头未成熟即已枯萎，影响稔实率。授粉时间对稔实率有很大的影响，柱头授粉能力以开花当天及第2天最强。除开花当日的天气外，花后1个月内如遇到干旱，幼果因缺水而干枯，成果率会显著降低；花后1个月内雨水充足，幼果能正常发育成熟，成果率高。

3.果实发育 咖啡果实从开花至果实成熟所需时间因种类而异。小粒种需6～8个月，在当年9月至翌年1月成熟，盛熟期为11～12月；中粒种需10～12个月，在11月至翌年5月成熟，盛熟期为2～4月。

小粒种咖啡果实在花后1个月即迅速增长，1个月后生长速度变慢，成熟前再增大。中粒种果实在初期发育较慢，到第3～4个月，果实开始迅速膨大，进入快速生长期，以第4～6个月增长最快，此时果实含水量很高，种仁软而透明；到第7～9个月，果实增长变慢，纵径和横径生长量变小，此时主要是果实进行内部积累，种子充实由透明变成乳白色，由软变硬；10～12个月果实开始成熟，成熟前果实稍有增大，果肉及果皮内含物转化，果皮呈红色，盛熟期紫红色。

（三）对环境条件的要求

咖啡原产于热带非洲，小粒种原产于埃塞俄比亚的热带高原地区，海拔900～1800米，年平均温度19℃。中粒种原产于刚果的热带雨林区，海拔在900米以下，年平均温度21～26℃。它们的原产地都是荫蔽或半荫蔽的森林和河谷地带，因此形成了咖啡需要静风、温凉、湿润、荫蔽的环境习性。

1.地形 咖啡植地宜选低山、丘陵、平缓坡地、台地；海拔300～1000米地区，一般不宜超过1200米。空气流通不畅易于沉积冷空气的低凹地、低台地、冷湖区、峡谷不宜栽培咖啡。

2.土壤条件 咖啡根系发达，吸收根较浅生，在肥沃疏松的森林土壤中生长特别良好。肥沃的沙壤土或红壤土均适宜栽培咖啡，排水不良的黏土对咖啡根系的生长不利。土壤pH＜4.5时，根系发育不良。

3. 气候条件

（1）降水量　世界咖啡产区年降水量为760～2 500毫米，大多数产区为1 000～1 800毫米。降水量在每个季节分布均匀以及短期的干旱，有利于咖啡生长发育。短期干旱对咖啡根系生长、对上个雨季形成的枝条成熟、对花芽分化和果实成熟都非常重要；但旱季过长，咖啡生长也会受到抑制，不利于花芽发育，不正常花增多，稔实率降低；另一方面，雨水过多容易引起枝条徒长，使开花和结实都减少。咖啡开花和幼果发育初期，均需要充足的水分。降水量较少的地区，在花期和幼果发育期内必须灌溉，才能使咖啡正常开花和提高稔实率。

（2）光照　咖啡属于半阴性作物，在全光照下植株生长受到抑制，如果加上水肥不足，就会出现早衰和死亡现象。荫蔽度过大，会导致植株的营养生长过旺，枝叶徒长，开花结果减少。咖啡对光的要求因品种、发育期、土壤肥力和水分状况的不同而有差别，大粒种最耐光，小粒种又比中粒种耐光。在土壤肥沃和有灌溉的条件下，荫蔽度可减少。在高海拔地区，热量累积小的植区不需荫蔽；相反，如在土壤贫瘠而高温干旱的地区栽种咖啡，就应适当增加荫蔽。一般适宜的荫蔽度为：幼苗期60%～70%，定植后至结果期前40%～50%，结果期20%～40%。

（3）温度　不同咖啡品种对温度要求不同。小粒种需要较温凉气候，要求年均气温19～21℃，中粒种则需要较高的温度，要求年均温度23～25℃。通常咖啡在10℃以上开始生长，15℃生长加速，20～25℃生长最快，30℃以上生长有明显的间歇现象。短暂的低温尚不致引起咖啡实质性损害，但若温度达到0～1℃，持续7个夜晚就会引起枯枝。

受寒害后，咖啡叶片呈枯焦状，嫩叶整片干枯，老叶仅在主脉间内侧的叶肉呈焦枯的斑块，或在叶背呈现轻微的赤褐色，以后叶片萎黄，干枯落下。枝条受寒害，以绿色的嫩枝最为严重，表皮由绿色变赤褐色枯干，以后渐次到木质部变黄，逐渐干枯；已开放的花全部冻坏干枯，大部分子房受冻伤，不能发育成果实。在寒害较轻时花蕾不受害，而严重寒害会干枯脱落。果实受害后表皮呈现褐色斑点，斑点处下陷，最后全果皱缩干枯；轻度受害仅出现赤褐色斑点，温度回升后不再扩散。培育的幼苗严重受寒害时全株枯死，较轻的则顶芽及嫩叶干枯；荫蔽完整的幼苗受害较轻。咖啡品种中，小粒种最耐寒，中粒种和大粒种则最不耐寒（图2-16）。

寒害咖啡园

受害咖啡果实

图2-16　寒害咖啡园及受害果实

（4）风　咖啡需要静风环境条件，台风及干热风对咖啡生长均不利。当台风达10级以上时，咖啡叶片、果实会大量吹落，主干大幅度摆动，植株根与茎交界处树皮被磨损，引起病菌侵入，主干倾斜，地下根系受损，台风过后植株大量死亡（图2-17）。咖啡开花期遇到刮干热风的天气会明显地降低稔实率。因此，在风害频发地区要选择避风的植地或营造防风林，减少风害损失，为咖啡树创造一个良好的生长环境。

图2-17　台风危害的咖啡园

四、可可生物学特性

可可为多年生乔木，一般高达4 ~ 7.5米，树干直径可达30 ~ 40厘米，冠幅6 ~ 8米。经济寿命视土壤与抚管水平而异，管理好的可达30 ~ 50年。常规栽培条件下，植后2 ~ 3年结果，6 ~ 7年树龄进入盛产期。

（一）形态特征

1. 根　可可的根为圆锥根系，初生根为白色，以后变成紫褐色，苗期主根发达，侧根较少，成龄树侧根深度在35 ~ 70厘米，以在50厘米处分布最多，须根位于浅表土层，侧根向旁伸展的宽度可达5米（图2-18）。

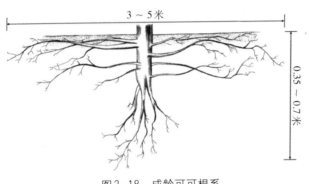

图2-18　成龄可可根系

2. 茎与枝条　可可树皮厚，灰褐色，木质轻，没有年轮，除少数外，一般都具有特殊的分枝形式。可可枝分为两个类型：直立形和扇形。实生树主茎生长到一定高度后，即分出3 ~ 5条几乎是平展的主枝，形成扇形枝条，以后靠抽生直生枝增加高度。

在海南，可可定植后生长8 ~ 10蓬叶和高达50 ~ 150厘米时便可分枝。主干有抽生直生枝的能力，直生枝具有主干一样的生长特点，直生枝如在主干基部抽生，可形成多干树型，如在上部抽生可形成多层树型。

3.叶　可可叶片成蓬次抽生，顶芽每萌动一次，便抽出一蓬叶。在主干或直生枝上所着生的叶片，叶式是3/8螺旋状，但在扇形枝条上抽生的叶片排列在两侧，叶式是1/2（图2-19）。

图2-19　可可叶片的结节

在不同荫蔽度情况下，叶片的气孔状况也不同。据国外的材料，荫蔽度在90%和50%时，气孔数目较多，但两者没有显著差异；荫蔽度为25%时，气孔数较少，无荫蔽的更少。

4.花　可可花为聚伞花序，着生于枝干的小节上，这个部位称为果枕。花由5枚萼片和5枚花瓣构成，萼片粉红色或白色（图2-20）。

可可开花多在主干及多年生枝上，以主干和1～3级枝开花最多。可可终年开花，由昆虫传粉。但花不具香味，无吸引

图2-20 可可花的显微构造

昆虫的蜜腺。此外，雄蕊隐藏在花瓣中，而退化的雄蕊围绕柱头，以致妨碍传粉，同时有些可可树的花粉很少，甚至没有花粉，且花粉粒的生命力仅能维持12小时，所以可可花的构造不利于正常的传粉和授精，导致可可稔实率很低，自然稔实率仅为2.1%左右。

5. 果实与种子　可可果实是荚果，也称为不开裂的核果，其色泽和形状因种类不同而异（图2-21）。果皮分为外果皮、中果皮和内果皮，外果皮有纵沟，有的光滑，有的呈瘿瘤状，成熟果实的色泽有橙红、黄色等（图2-22）。果实中有排列成5列的种子30～50粒，每粒种子均为果肉所包围（图2-23）。

莹白色　　　　　　绿色　　　　　　深绿色

紫红色　　　　　　紫色　　　　　　紫黑色

图2-21　可可未成熟果实

橙红色　　　　　　　　　黄色

图2-22　可可成熟果实颜色

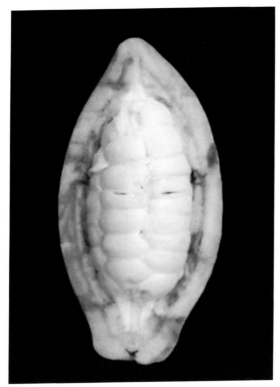

图2-23 可可果实纵剖面

（二）开花结果习性

可可结果多在主干及多年生枝上，以主干和1～3级枝结果最多。可可干果率很高，据观察，平均干果率为76.2%，主要原因是营养生长与生殖生长不平衡，部分受病虫害、干旱或强风等影响而成为干果。

在海南，可可结果主要有两个时期：

第1时期：4～5月，称为春果。春果结果不多，约占全年稔实数的3.5%～14.0%，果实在当年8～9月成熟，发育期只需138天左右。

热带香料饮料作物复合栽培技术

第2时期：8～11月，称为秋果。翌年2～4月成熟，一般占全年的69.3%～85.7%。秋果因发育期温度较低，需160天左右才成熟（图2-24）。

图2-24　可可果实发育图

（三）对环境条件的要求

可可是典型的热带雨林下的低层植物，它要求较高的温度、降水量和湿度。温度是限制可可分布的主要因素。在温度适宜的地方，降水量和风又成为产量的限制因子。

1. 温度　可可产区的适宜平均温度为22.4～26.7℃，可可能够生长的下限温度为最低月平均温度15℃，低于15℃新梢生长完全停止，绝对最低温度10℃。图2-25为低温寒害发生第8天的幼龄可可叶片损害情况，图2-26为寒害发生第10天的可可果实变黑和叶片褐化，甚至大片落叶。

2. 降水量与湿度　可可种植区一般年降水量为1 400～2 000毫米。海南各可可种植区降水量一般在1 500毫米以上，但分布不均匀，有明显的干旱期，要在良好的抚育管理下，可可才能正常生长与结实。

3. 光照与荫蔽度　可可是喜阴植物，不适于阳光直射，幼

图2-25　低温造成可可幼苗损害

图2-26　低温造成可可果实损害

龄可可必须有荫蔽，无荫蔽的可可幼苗生长不良或无法存活（图2-27）。可可耐光性因品种、生态环境和栽培措施不同而异，幼龄可可树适宜的荫蔽度为 50%～60%，成龄可可树适宜的荫蔽度为 30%～40%。

图2-27　可可在无遮阴下生长不良

　　4.风　　可可树叶片宽阔，枝条柔软，树冠扩展，易受风害（图2-28）。在有防风林带的种植区，可可产量比没有防风林带的种植区要高近1倍。海南地处热带海洋季风气候地区，台风发生频繁，因此，选择静风的环境或营造防风林，或采取复合栽培，是保证可可生长与结果的关键。

倒伏

断折

图2-28　台风危害的可可

第二节　热带经济林生物学特性

一、橡胶生物学特性

（一）形态特征

1. 根　橡胶的主根垂直向下生长，成龄树主根深2米以上。主根上分生的次生根，水平或斜向下伸展，呈明显的轮生状，分布较浅，深度一般在0～40厘米的土层之间，水平分布幅度一般为树冠的2倍左右（图2-29）。土壤温度19～32℃，土壤含水量11%～25%，pH6～6.5，土壤总孔隙度45%～60%，能使根系正常生长。周年可生长，以高温、雨季生长快，一天中以夜间生长较快。根系具有顽强的生命力和再生能力。

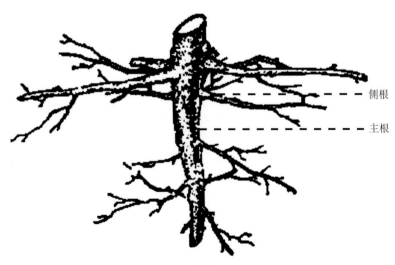

侧根

主根

图2-29　橡胶的根系

2.茎 橡胶的茎具有输导、支持和储藏的作用，还是产胶和割胶的主要部位。

（1）茎的形态 茎干呈圆锥形，下大上小，芽接树的茎干近圆柱形，实生树的茎干较粗，皱皮明显。

（2）茎的高生长 高生长是茎顶芽生长的结果。植后头3年，以单干生长为主，一般年增高2.5米左右，以后茎干呈现分枝，高生长减慢。

（3）茎的粗生长 粗生长是形成层生长的结果。从第4年到开割前，随着树冠和根系的不断扩展，茎的粗生长达到高峰。开割后，由于养分的再分配以及树冠郁闭，粗生长减慢。

3.叶 叶为三出复叶，是无性系形态鉴定的主要特征之一。

（1）叶的形态 叶革质，全缘或具有波纹；叶形有卵形、倒卵形和椭圆形；小叶柄基部有蜜腺，数量、排列和颜色因品系而异。

（2）叶蓬的生长习性 叶蓬由叶、芽和轴三部分组成。幼苗期一般30天形成一蓬叶，隔半个月，又抽生另一蓬叶。开割前的幼龄树年抽生4蓬叶，开割的壮龄树年抽生3蓬叶，老龄树年抽生2蓬叶。叶蓬的物候期分为抽芽期、展叶期、变色期和稳定期，从抽生到脱落需要10个月（图2-30）。

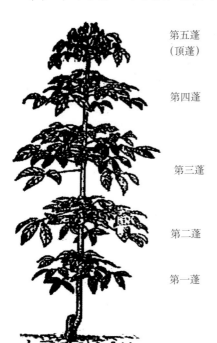

第五蓬（顶蓬）

第四蓬

第三蓬

第二蓬

第一蓬

图2-30 橡胶的叶蓬

（二）开花结果习性

1. 开花习性　橡胶为雌雄同序异花植物（图2-31）。实生苗定植后4～5年开花，芽接树植后3～4年开花。每年开花2次，3～4月1次，5～7月1次。雌花期为15～20天，雄花期为12～27天。雄花于下午2～3时开放，雌花于下午4～5时开放。

图2-31　橡胶的花序、雄花和雌花

1. 花序　2. 雄花剖视　3. 雄蕊　4. 花粉囊　5. 花粉柱　6. 雄花
7. 雌花　8. 雌花剖视　9. 柱头　10. 子房

2. 结果习性　橡胶果实为蒴果，从子房受精至果实成熟历时18～20周。成熟的果实黄褐色，壳坚硬，木质化，在果皮外缝处开裂，弹出3粒种子（图2-32）。春季开花，秋季结果(一般8～10月)称秋果；夏季开花，冬季结果(一般年底至翌年1月)称冬果。

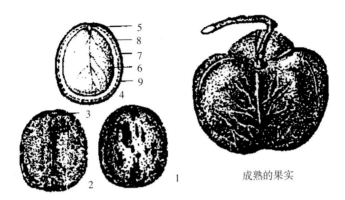

图2-32 橡胶的果实和种子
1.背面 2.腹面 3.发芽孔 4.种子割面 5.胚
6.子叶 7.胚乳 8.内种皮 9.外、中种皮

（三）对环境条件的要求

1.气温 气温小于0℃，树梢和树干枯死；气温小于或等于5℃，割面和树茎枝接合处有少量爆皮流胶；气温小于或等于10℃，对幼树的新陈代谢产生有害影响，光合作用停止；15℃为组织分化的临界温度；18℃是正常生长的临界温度；气温大于40℃，橡胶树呼吸作用过强，无效消耗增加。

2.光 幼苗具有一定的耐阴性，在50%～80%荫蔽度下能正常生长，但成龄树需要充足光照积累糖代谢和养分，促进细胞木栓化，有利于抗寒越冬。

3.水 年降水量1 500～2 500毫米适宜橡胶树的生长和产胶；土壤持水量占田间最大持水量的80%～90%时，最适合生长和产胶；土壤持水量占田间最大持水量的30%以下时，橡胶树出现萎蔫，开割树出现排胶障碍。

4.风 年平均风速小于2米/秒，对橡胶树生长、产胶有利；年平均风速大于3米/秒，橡胶树不能正常生长，开割树割线易干，乳管膨压降低。

5.土壤 地下水位在1米以内或雨季积水的土壤不宜栽培橡胶树。要求pH 5 ~ 6，土壤质地以壤质土最好。黏重土壤易板结，生长易受抑制；沙土保水保肥能力差，地表散热快，冬季易受寒害，夏季易受旱灾。

6.地形 坡下的橡胶树生长和产胶优于坡上的，阳坡的橡胶树生长和产胶优于阴坡的。

二、槟榔生物学特性

（一）形态特征

槟榔为常绿乔木，树干笔直，圆柱形不分枝，胸径10 ~ 15厘米，高10米以上。茎干有明显的环状叶痕，幼龄树干呈绿色，随树龄的增长逐渐变为灰白色。叶丛生于茎顶，羽状复叶，长1.3 ~ 2米，叶柄三棱形，环包茎干。小叶长披针形，表面平滑无毛。肉穗花序，佛焰苞黄绿色；花单性，雌雄同株，花被6；雄花2列，互生于花序小穗顶端，花小而多，一般2 000余朵；雌花着生于花序小穗基部，花大而少，一般250 ~ 550朵，子房上位，1室。坚果卵圆形；种子1粒，圆锥形（图2-33）。

图2-33 槟榔花

（二）开花结果习性

槟榔一般定植后7～8年开花结果，20～30年为盛果期，寿命最高可达100年以上。果实采收后种子有果内后熟的特性。黄色成熟果实发芽率64.3%，果实失水即降低发芽率。在室内催芽，日均温26.4℃，日温变化平均差1.8℃，发芽率98%。

（三）对环境条件的要求

槟榔生长在热带季风雨林中，形成了一种喜温、好肥的习性。最适宜生长温度为25～20℃，16℃时落叶，5～6℃时落果，3℃时叶色变黄、果实发黑脱落，−10℃以下植株严重死亡。一般在海拔低的地区生长较好。喜湿而忌积水，雨量充沛且分布均匀则对生长有利，一般年降水量在1 200毫米以上的地区都能生长，空气相对湿度高（80%左右）又长期稳定对生长有利。一般幼苗期荫蔽度宜50%～60%，至成龄树应全光照。槟榔经济生命长短，土壤是关键，喜欢生长于土层厚、表土黑色、有机质丰富的沙质壤土，底土为红壤或黄壤最为理想。

三、椰子生物学特性

（一）形态特征

椰子为单子叶植物，茎干直立，叶片辐射状丛生于树干顶端，形成优美的树冠，林相整齐美观，是热带地区的象征树。其根属须根系，无主根。茎直立，呈圆柱状，有环状的叶痕，高可达20米以上。通常情况下椰子茎干没有分枝，偶尔也有个别椰子由于生长点受到破坏后能长出2～4条分枝，但这些植株多数生长不良，结果不多或不结果，寿命不长。叶片为羽状复叶，呈辐射状丛生于树干顶端。花为佛焰花序，由序柄、中轴和花枝组成。椰子花雌雄同序，单性，雄花三角筒状，成熟时花药纵裂；雌花较大，呈球状，子房上位，柱头3裂，6枚花被宿存，在果实成熟时成为果萼。椰子果实是植物中最大的核果之一，呈圆球形、椭圆形或三棱形，由外果皮、中果皮、内果皮、种皮、椰肉、椰子水和胚组成。

（二）开花结果习性

椰子树平均定植3～10年后开始开花结果，5～12年达到盛产期，株年产果50～200个。椰子树周年均可产果，但收获高峰期为每年6～10月。椰果从授粉到成熟约需12个月时间。

（三）对环境条件的要求

椰子树生长发育的最适宜温度为26～27℃，在年平均气温23℃以上的地区才能正常开花结果，最低月平均温度不低于20℃，日温差不超过5～7℃；安全越冬温度为8℃，偶尔短时的极端低温达0℃时，也能忍受。在年日照时数2 000小时以上，年降水量1 300～2 300毫米且分布均匀、无明显旱雨季之分的地区生长旺盛。主要分布在低海拔的滨海地区，海拔50米以下最适宜。对土壤要求不严，不论沙土、冲积土、壤土等都能栽培。

第三章
复合栽培主要品种

国内外系统开展热带香料饮料作物复合栽培选育种的研究较少。下面主要介绍适合在我国热区复合栽培的香料饮料作物主要优良品种（均已通过全国热带作物品种审定委员会、海南省农作物品种审定委员会审定或认定）。

第一节 香 草 兰

我国热区复合栽培的香草兰品种主要是热引3号香草兰。该品种占我国香草兰总生产面积的98%以上。

热引3号香草兰茎蔓粗壮，喜攀缘，自然条件下可沿攀缘柱生长到10～15米高，不分枝或分枝细长。肉质纤维弯曲，绿色，叶对面产生气生根，并通过气生根缠绕在攀缘物上，叶大而扁平，肥厚，几乎无叶柄，长椭圆形趋向披针形，长9～23厘米，宽2～8厘米。腋生总状花序，每个花序有6～15朵小花，多的达20～30朵，花朵黄绿色且小而淡。每朵小花开放时间约1天，如不及时授粉，即在1天内脱落。每朵花由3片萼片，3个花瓣及中央柱状器官（含雄蕊和雌蕊）组成，其中一个花瓣退化并增大形成唇瓣；萼片和花瓣几乎呈线性排列，长4～7厘米，宽1～1.5厘米；唇瓣喇叭形，长4～5厘米，最宽处1.5～3.0厘米，花盘上有条形的疣状突起或乳头状小突起，花盘中央有一丛生的绒毛，顶点微凹，外卷的边缘有不规则的穗边（绒毛），内表面有毛状的柱形物，长约3厘米，每朵小花结一蒴果（果荚），果荚长圆柱形，

67

长 10 ~ 25 厘米，直径 0.8 ~ 1.4 厘米，成熟时呈浅黄绿色，种子褐黑色，大小为 0.25 毫米 × 0.20 毫米（图 3-1）。

图 3-1　热引 3 号香草兰

第二节　胡　椒

热引 1 号胡椒为大叶种，攀缘型。插条繁殖的植株根系由骨干根、侧根和吸收根组成，垂直分布在 0 ~ 60 厘米土层内，以 10 ~ 40 厘米的土层最多，深的达 1 米以上。蔓近圆形，略有弯曲，初期呈紫色，后转为绿色，木栓化后呈褐色，表皮粗糙，蔓上有膨大的节，节上有排列成行的气根，蔓节上的叶腋内有处于休眠的腋芽。叶片全缘，单叶交互生长，叶形阔卵形至卵状长圆形，叶面较平，两面均无毛，近革质，叶基圆，常稍偏斜，顶端短尖，叶柄长度 1 ~ 2 厘米，叶脉 5 ~ 7 条，最上一对互生，离基 1.5 ~ 3.5

图 3-2 热引1号胡椒植株

厘米从中脉发出，余者均自基出，最外一对极柔弱，网状脉明显（图3-2）。雌雄同花，主花期分别集中于春季（3～5月）、夏季（5～7月）或秋季（9～11月）（图3-3）。果实为浆果，球形，横径和纵径均5毫米左右，成熟果红色（图3-4）。

热引1号胡椒平均单株鲜果重10.74千克，千粒重43克；胡椒碱和挥发油含量分别为5.29%和14.2毫升/千克，属于高产低抗病品种。

图 3-3 热引1号胡椒花穗

图 3-4　热引1号胡椒种子

第三节　咖　啡

一、阿拉伯种咖啡（*Coffea arabica* L.）

阿拉伯种咖啡又称小粒种咖啡，原产非洲埃塞俄比亚。树型矮小，叶片小而尖，长椭圆形，叶缘有波纹，单节果实12～15个，浆果成熟时呈红色，果肉较甜而多汁，易与种子分离（图3-5）。咖啡碱含量1%～2%，品质香醇。易感染叶锈病和易受灭字虎天牛、旋皮天牛危害。

主要栽培品种有铁毕卡、波邦、卡杜拉、蒙多诺沃、卡突埃、S288、T8667、T5175、CIFC7963（F6）以及卡蒂莫（Catimor）系列品种P1、P2、P3、P4。

植株

果实

图3-5　小粒种咖啡

热带香料饮料作物复合栽培技术

二、甘弗拉种咖啡（*Coffea canephora* Pierre）

甘弗拉种咖啡又称罗布斯塔种咖啡、中粒种咖啡，原产非洲刚果。树型开张，主干粗壮。叶片长椭圆形，较大，质软而薄，有光泽，叶缘有波纹。单节果实25～30个，果实形状因类型不同而异，圆形、椭圆形或扁圆形，成熟时橙红色、深红色或紫红色，果皮和果肉较薄，紧贴种子不易分离（图3-6）。咖啡碱含量1.5%～2.5%，产量高，香味浓，极少感染叶锈病且不易受天牛危害。

主要栽培品种有罗布斯塔（Robusta）、奎隆（Quillon）、乌干达（Uganda）以及各国选育的高产无性系。在海南和云南低海拔地区推荐栽培由中国热带农业科学院香料饮料研究所选育的中粒种咖啡高产无性系：热研1号、热研2号、热研3号、热研4号。

植株

果实

图3-6　中粒种咖啡

第四节　可　可

热引4号可可，幼苗3～5分枝，植株主干灰褐色，叶尖形状为长尖形，叶片长宽比为37.3∶13.6，花柄、花萼均为粉红色，果实长椭圆形，外果皮有5条较明显的纵沟，未成熟果实为红色或浅紫红色，成熟果实为橙黄色，种子饱满，椭圆形，子叶为紫色（图3-7）。

喜湿润的热带气候，耐阴，适宜的荫蔽度为30%～40%，适宜在肥沃的缓坡地栽培。花期主要在4～6月和8～11月，盛果期在9～12月和2～4月。抗寒性较强，适应性好，对云南西双版纳和海南文昌、琼海、陵水、万宁、保亭、三亚等地均具有良好的适应性。品质较佳，干鲜比较高，可可豆单粒重较高，平均为0.92克，丰产性状良好。

图3-7　热引4号可可

第五节　热带经济林

热带经济林间作香料饮料作物的主要品种，仍以目前种植的常规品种为主。

一、天然橡胶

我国种植的天然橡胶品种主要是PRIM600、PR107、GT1、热研7-33-97等。因各地的气候等环节条件各异，主栽品种也有所不同，海南以PRIM600、PR107为主；云南以GT1为主；广东主要有热研7-33-97、93-114、PR107、GT1等。

二、槟榔

目前与热带香料饮料作物复合栽培的槟榔主要以海南本地种、热研1号、台湾种为主。

热研1号槟榔是由中国热带农业科学院椰子研究所培育出的槟榔新品种。通过隔离外来不明槟榔花粉源及黄化病病原，生产高纯度的无黄化槟榔种果，已于2010年通过海南省品种审定委员会认定。经过对选育获得的后代进行多年品种比较试验，该品种表现为高产、稳产，经济价值高，综合性状优良。果实主要特征为长椭圆形，种苗定植后4～5年开花结果，10年后达到盛产期，株高7.6～9.4米，经济寿命可达60年以上。生产性试验结果表明，平均单株年产鲜果9.52千克，适宜在海南省种植（图3-8）。

果实

植株

图3-8　热研1号槟榔

三、椰子

目前与热带香料饮料作物复合栽培的椰子主要以本地高种为主，也有少部分为文椰3号椰子。

果实

植株

图3-9　文椰3号椰子

文椰3号椰子由中国热带农业科学院椰子研究所引种。相对于本地高种椰子而言，该品种植株矮小，株高12～15米，茎干较细，成年树干围茎70～90厘米，基部膨大不明显，无葫芦头。叶片羽状全裂，叶柄无刺裂片呈线状披针形，叶片和叶柄均呈浅红色。花序为穗状肉质花序，红色佛焰花苞，雌雄同株，花期重叠，自花授粉。果小，近圆形，果皮红色，果皮和种壳薄，椰肉细腻松软，甘香可口，椰子水鲜美清甜，7～8个月的嫩果椰子水总糖含量达6%～8%。结果早，一般种植后3～4年开花结果，8年后达到高产期，平均每株产果105个，高产的可达200多个。抗风性差于本地高种椰子，成龄树强于幼龄树。抗寒性差于本地高种椰子。叶片寒害指标为13℃，13℃以上可以安全过冬。椰果寒害指标为15℃，15℃以下出现裂果、落果。

第四章

复合栽培技术

橡胶园占地广阔，但土地利用率不高，水土流失严重，不利于生态环境的保护。针对这些情况，开展橡胶间作可可，不仅可以充分利用林下闲置的光、热、水、土壤等自然资源，还可改善林间的光温条件和土壤结构，同时解决橡胶林较长非生产期无产出的现状，使林地的长、中、短期效益有机结合，极大地增加林地附加值，提高综合经济效益和生态效益。

槟榔无主根而须根发达，属于浅根系植物，树冠小、干高、坚硬、挺直而不分枝，是理想的复合栽培树种。在印度，槟榔常与香草兰、可可、山药等作物复合栽培，经济效益和生态效益明显。

椰子树形高，树干笔直、无分枝，冠幅蓬形、叶片疏朗、占据空间较小、通风透光，太阳辐射光有相当部分可以透过叶层及株间到达地面。研究表明，8～25龄椰园太阳光透射率约20%，25龄后透射率随树龄逐渐增加，40龄时透射率增至约50%。正常生产管理的中龄椰园，大部分的光能、土地和空间未得到充分利用，而咖啡、胡椒和可可的生物学特性决定了它们需一定的荫蔽才能正常生长发育，这就为椰子复合栽培提供了基本条件。另一方面，随着椰子产业的发展和国内巨大的市场需求，传统的栽培和粗放管理模式已经无法满足人们对椰子产量和品质的需求。因此，有必要加大科技投入力度，充分发挥科研机构、高等院校和企业等单位的科技资源优势，加强产、学、研结合，大力开展椰子高效栽培关键技术研发与集成示范，采取复合栽培模式，更大程度地发挥椰园的土地利用效率，改善椰园水肥管理，提高单位面积综合经济效益。

　　下面介绍的栽培技术，主要为热带香料饮料作物与上述这些高大热带经济作物的复合栽培关键技术环节。

第一节　香草兰复合栽培技术

　　我国香草兰复合栽培推广的模式主要是槟榔/香草兰，包括槟榔行上栽培香草兰和槟榔行间栽培香草兰2种模式。

一、园地选择

　　在现有成龄槟榔园内间作香草兰，槟榔园应近水源、排水良好、质地疏松、物理性状良好、有机质含量丰富（1.5%～2.5%），园地为平地或缓坡地。槟榔树龄在5年以上，株行距均为2～2.5米的可间作香草兰，株行距均大于2.5米的不适宜间作香草兰，生产上需加盖遮阳网。

二、园地规划

（一）槟榔行上栽培香草兰

　　在槟榔行上起畦，槟榔株在畦面中间。先全垦翻晒、风化、耙碎，除净杂草杂物，用石灰粉进行土壤消毒处理。畦面呈龟背形，走向与槟榔行向一致，畦面宽80厘米、高10～15厘米。用废旧轮胎等物品保护槟榔树引拉攀缘铁线，定植时要保持香草兰定植位置与槟榔根之间的距离在15厘米以上（图4-1）。

（二）槟榔行间栽培香草兰

　　在槟榔行间栽种攀缘柱，攀缘柱制作材料可用石柱、水泥柱或木柱等，规格为柱面长10～12厘米、柱面宽8～10厘米、柱高160～180厘米，入土深度为40厘米，露出地面1.2～1.4米，攀缘柱间距1.6～1.8米，按攀缘柱走向起畦，引拉攀缘铁线（图4-2）。

图4-1　槟榔行上栽培香草兰

图4-2　槟榔行间栽培香草兰

三、定植

定植香草兰宜在温度较高的季节，以利于生根发芽。定植时，用手指在攀缘柱/槟榔树的两边各划一条深2～3厘米的浅沟，将香草兰苗平放于浅沟中，盖上1～2厘米覆盖物，苗顶端指向攀缘柱/槟榔树，露出叶片和切口处一个茎节防止烂苗，茎蔓顶端用细绳轻轻固定于攀缘柱/槟榔树上，以便凭借气生根攀缘生长。定植时要尽量用覆盖物将新根盖住，以便植后能尽快恢复生长。植后淋足定根水，以后据天气情况适时淋水，一般2～3天淋1次。

四、田间管理

（一）覆盖

香草兰根系分布浅，对旱、寒等不利条件的抵抗力均较弱，采用椰糠、杂草或经过初步分解的枯枝落叶等进行周年根际死覆盖，可有效改善根系的生长环境，调节土壤温度和保湿，使土壤疏松透气，排水性能良好，增加有机质，有利于香草兰根系发展，促进香草兰的生长，同时可减轻槟榔园和香草兰园繁重的拔除杂草工作，是丰产栽培的关键措施之一。一般在2～3年非生产期内每季度增添一次覆盖物，使畦面终年保持3～4厘米厚的覆盖，而成龄香草兰园则在每年花芽分化期后（1月底或2月初）和末花期（5月底或6月初）各进行一次全园覆盖。

（二）活荫蔽树修剪

每年11月上中旬，清除槟榔树下垂叶片并覆盖于香草兰根部。有条件的每隔1个月在香草兰上方30厘米处测量透光率，小于30%则清除部分槟榔叶片，大于40%则按照香草兰的走向加盖遮阳网。

（三）施肥与灌溉

香草兰叶片出现轻微的凋萎时应及时浇灌水；灌溉方式以渗

灌或喷灌为主，杜绝大水漫灌。在土壤缺水时，主作物和间作物可同时灌溉。成龄香草兰在3～6月应每天傍晚喷水5～10分钟，维持田间湿润小气候。在大雨季节来临之前，清除排水沟内的污泥、垃圾，保持排水系统的畅通。大雨过后，应及时清除污泥、垃圾，排除积水，修复被雨水冲坏的畦面，同时及时回放或补放椰糠等覆盖物。喷施叶面肥，根据长势适量增施磷钾肥，增加营养，并适时防治病害。在条件允许的情况下，再补施一次有机肥并覆盖。

（四）人工授粉

香草兰在清晨5时左右开始开花，中午12时开始闭合，所以授粉工作应在当天6～12时完成，否则柱头丧失活力，授粉成功率将降低。香草兰花的雄蕊和柱头间隔着一片由一枚雌蕊变形增大、形似帽状的唇瓣，称为"蕊喙"，授粉时需借助两根削尖的竹签或棕榈树的树刺、硬的草茎、牙签。

授粉方法：左手中指和无名指夹住花的中下部，右手持授粉用具轻轻挑起唇瓣，再用左手拇指和食指夹住的另一根授粉用具或直接用左手拇指将花粉囊压向柱头，轻轻挤压一下即可。若遇雨天，应待雨停后再进行授粉工作。一般每个熟练工人每天可授粉1 000～1 500朵。

（五）控制落荚

香草兰在授粉后40～50天有严重的生理落荚现象，落荚率高达40%～60%，严重影响香草兰的稳产高产。香草兰的生理落荚主要是生长发育的幼荚间以及生长发育的幼荚与抽生侧蔓间水分和养分竞争所致。单株抽生花穗数越多，落荚率也越高。根据香草兰植株的长势和株龄，早期摘除过多的花序及已有足量果荚的花序上方的顶中花蕾，适时疏荚，合理留荚，减少养分消耗，是降低落荚率、增加产量的有效措施之一。一般单株单条结荚蔓保留8～12个花序，每花序留8～10条果荚，长势较弱的植株宜更少。同时，在5月上旬修剪果穗上方抽生的侧蔓，5月中旬全面摘顶，可有效控制营养生长，保证幼荚生长发育所需的养分和水分，使幼荚正常生长，从而大大降低落荚率。

除此之外，加强各项田间管理，并结合根外追肥，在幼荚发育期（末花期）定期喷施含硼、锌、锰等微量元素的植物生长调节剂（即香草兰果荚防落剂），可将香草兰落荚率降低在15%以内。

（六）台风预防措施

在台风来临之前，全园喷施农用链霉素等保护性杀菌剂和多菌灵等内吸性杀菌剂，有遮阳网的打开遮阳网接口，清除枯老和下垂的叶片；台风过后，理顺被风吹乱的香草兰茎蔓，清理槟榔和香草兰断叶、落叶，边行植株还要注意清理断株（蔓），并喷施杀菌药。一般要求清理一块、喷施一块，当天清理、当天喷药。

第二节　胡椒复合栽培技术

适度荫蔽可以促进胡椒生长。1年生胡椒需荫蔽度90%以上，随植龄增加所需荫蔽度降低，结果胡椒需荫蔽度约15%。为减少水分、养分及光照等资源的竞争，荫蔽树应与胡椒植株高矮搭配，叶片与枝条稀疏，根深、抗强风，无与胡椒有相同病虫害。目前我国胡椒复合栽培模式主要是槟榔/胡椒，包括槟榔与胡椒间作、槟榔做活支柱栽培胡椒（图4-3、图4-4）。

槟榔间作胡椒栽培模式符合间作栽培的单、双子叶作物搭配原则。槟榔可提供适度遮阴，有利于胡椒正常生长，且胡椒和槟榔地上部相互干扰少，有利于通风透光。该模式既可解决槟榔非生产期长造成的土地利用率低，达到以短养长目的，也是提高产能，全面提升胡椒和槟榔产业的有效措施。

国内外相关研究报道均表明，槟榔与胡椒间作比单作槟榔或单作胡椒均具有显著优势，间作体系中胡椒产量平均可提高40%，胡椒是优势作物，土地当量比可达1.55。中国热带农业科学院香料饮料研究所已系统开展了槟榔与胡椒间作体系互作机理及高效栽培技术研究，阐明该模式具有显著间作产量优势，并可以改善土壤微生态结构，对胡椒连作障碍具有一定消减作用，并研发出配套栽培技术。

图4-3　槟榔与胡椒间作

图4-4　槟榔做活支柱栽培胡椒

一、园地选择与规划

园地选择和规划是胡椒栽培的关键环节。如在排水不良、低洼地或地下水位较高的地方栽培胡椒，可导致胡椒生长慢、长势差、易发生水害和瘟病；在阴坡地、坡脚地栽培胡椒，可导致胡椒寒害发生。应根据地形、地势和风力大小等条件规划设计胡椒园面积、防护林、道路和排水灌溉系统，以便控制病害传播和便于管理。

（一）水源

应选择较接近水源、水量充足且方便灌溉的地方建胡椒园，植株须距最高水位50厘米以上，不宜太靠近河流、水沟及水库等，避免发生水害和病害。

（二）地形

应选择坡度10°以下的缓坡地建胡椒园，以3°～5°为宜。不宜选择低洼地或地下水位较高的地方。

（三）土壤

应选择土层深厚、比较肥沃、结构良好、易于排水、pH5.0～7.0的沙壤土至中壤土栽培胡椒。

（四）园区面积

胡椒复合栽培园区面积以0.2～0.3公顷为宜，有利于防风、防寒、防病。

（五）防护林

台风、寒害多发区的胡椒园四周应设置防护林，林带距胡椒植株4.5米以上，株行距约1米×1.5米。主林带位于高处，与主风向垂直，植树5～7行；副林带与主林带垂直，植树3～5行。宜采用适合当地生长的高、中、矮树种混种，距胡椒园较近的边行可植较矮的油茶、黄皮和竹柏等树种，距胡椒园较远的林带中间可植较高的木麻黄、台湾相思、小叶桉和火力楠等树种。

（六）道路系统

胡椒园内应设干道和小道。干道设在防护林带的一旁或中间，宽3～4米，外与公路相通，内与小道相通；小道设在园区四周防护林带的内侧，宽1～1.5米。

（七）排水系统

胡椒园排水系统由环园大沟、园内纵沟和垄沟或梯田内壁小沟互相连通组成。环园大沟一般距防护林约2米，距胡椒植株约2.5米，沟宽60～80厘米，深80～100厘米；园内每隔12～15株胡椒开1条纵沟，沟宽约50厘米，深约60厘米。

（八）水肥池

一般每0.2～0.3公顷胡椒园应修建1个直径3米、深1.2米圆形水肥池，中间隔开成2个池，分别用于蓄水和沤肥。

二、定植

（一）定植规格

胡椒株行距为2米×（2.5～3.0）米，密度以1 665～1 995株/公顷为宜；槟榔定植于胡椒行、株间，远离梯田排水沟一侧，株行距（2～4）米×（2.5～8）米，密度以615～1 005株/公顷为宜。

（二）定植时间

胡椒与槟榔应同时定植，一般在每年春季（3～4月）或秋季（9～10月），春季干旱缺水地区以秋季定植为宜。定植应选在阴天下午进行，雨后土壤湿度过大时不宜定植。

（三）定植方法

胡椒、槟榔分别挖穴定植，胡椒定植方向应与梯田走向一致，胡椒头应在远离槟榔一侧。

三、田间管理

（一）幼龄胡椒管理

1. 定植后淋水　　定植后连续淋水3天，之后每隔1～2天淋水1次，保持土壤湿润，成活后淋水次数可逐渐减少。

2. 查苗补苗　　定植后20天全面检查种苗成活情况，发现死植株应及时补种。

3. 施肥管理　　应贯彻勤施、薄施，干旱和生长旺季多施水肥的原则。

（1）水肥沤制　　水肥由人畜粪、人畜尿、饼肥、绿叶、过磷酸钙和水一起沤制至腐熟（搅拌不起气泡）。沤制时水肥池上方需适当遮盖，以防有效养分损失。具体用量如下：1龄胡椒1吨水加入牛粪150千克、饼肥5千克、过磷酸钙10千克、绿肥150千克；2龄胡椒1吨水加入牛粪200千克、饼肥10千克、过磷酸钙15千克、绿肥150千克；3龄胡椒1吨水加入牛粪250千克、饼肥15千克、过磷酸钙20千克、绿肥150千克。

（2）施用量及方法　　正常生长期10～15天施水肥1次，1龄、2龄和3龄胡椒每次每株施用量分别为2～3千克、4～5千克和6～8千克。在植株两侧树冠外和胡椒头外沿轮流沟施，肥沟距树冠叶缘10～20厘米，沟长60～70厘米、宽15～20厘米、深5～10厘米。

4. 深翻扩穴　　栽培1年后，春季或秋季结合施有机肥，在植株正面及两侧分3次进行深翻扩穴，应在3年内完成。第1次在植株正面挖穴，穴内壁距胡椒头40～60厘米，穴长约80厘米、宽40～50厘米、深70～80厘米。每穴施腐熟、干净、细碎、混匀的牛粪堆肥30千克或羊粪堆肥20千克，过磷酸钙0.25～0.5千克（与有机肥堆沤）。施肥时混土均匀。第2、3次分别在植株两侧挖穴，方法和施肥量与第1次相同。

5. 除草　一般1～2个月除草1次，保持园内清洁。但易发生水土流失地段，或是高温干旱季节，应保留行间或梯田埂上的矮生杂草。

6. 松土　分深松土和浅松土。浅松土在雨后结合施肥进行，深度10厘米；深松土每年1次，在3～4月或11～12月进行。先在树冠周围浅松，逐渐往树冠外围及行间深松，深度20厘米。

7. 覆盖　干旱地区或保肥保水能力差的土壤，应在旱季松土后用椰糠或稻草等覆盖，但当胡椒瘟病发生时不宜覆盖。

8. 绑蔓　新蔓抽出3～4个节时开始绑蔓，以后每隔10天左右绑1次。一般在上午露水干后或下午进行。将主蔓均匀地绑于支柱上，调整分枝使其自然伸展，每2个节绑1道，做种苗的主蔓应每节都绑。未木栓化的主蔓用柔软的塑料绳或麻绳绑蔓，木栓化的主蔓用尼龙绳绑蔓。

9. 摘花　为促进植株营养生长，培养高产树形，幼龄胡椒抽生的花穗应及时摘除。

10. 整形修剪

（1）剪蔓　在3～4月和9～10月进行。不宜在高温干旱、低温干旱季节和雨天易发生瘟病时剪蔓。

第1次剪蔓：定植后6～8个月、植株大部分高达1.2米时进行。在距地面约20厘米、分生有2条结果枝的上方空节处剪蔓。如分生的结果枝较高，则需进行压蔓。新蔓长出后，每条蔓切口下选留1～2条健壮的新蔓，剪除地下蔓。

第2～5次剪蔓：在所选留新蔓长高1米以上时进行，在新主蔓上分生的2～3条分枝上方空节处剪蔓。每次剪蔓后都要选留高度基本一致、生长健壮的新蔓6～8条绑好，并及时剪除多余的纤弱蔓。

封顶剪蔓：最后一次剪蔓后，待新蔓生长超过支柱30厘米时在空节处剪蔓，在支柱顶端交叉并用尼龙绳绑好，在近支柱顶端处用铝芯胶线绑牢。

（2）**修芽**　剪蔓后植株往往大量萌芽，抽出新蔓。应按留强去弱的原则，留足6～8条粗壮、高度基本一致的主蔓，及时去除多余的芽和蔓。

（3）**剪除送嫁枝**　降水量较大地区，为减少瘟病发生，可在第2次剪蔓后新长出的枝叶能荫蔽胡椒头时剪除送嫁枝；干旱地区或保肥保水能力差的土壤栽培胡椒，可保留送嫁枝。

（二）结果胡椒管理

1. **摘花**　胡椒一年四季均可开花，花期主要集中在春季（3～5月）、夏季（5～7月）和秋季（9～11月）。生产上因气候差异，海南、广东、云南的主花期分别在秋季、春季和夏季。除主花期外，其余季节抽生的花穗都应及时摘除。

2. **修徒长蔓**　树冠内部抽出的徒长蔓，缺少光照，纤弱徒长，应及时剪除。

3. **修顶芽**　每年从植株封顶处抽出大量蔓芽，长期生长会影响产量，应及时剪除。

4. **换绑加固**　为减少风害损失，结果胡椒要用较粗的尼龙绳将主蔓绑在支柱上，每隔40厘米绑一道，每道绳子绕两圈，松紧适度，打活结，并在每年台风或季节性阵风来临前1个月检查，将绑绳位置向上或向下移动10～15厘米，及时更换损坏的绑绳。

5. **灌溉**　如遇连续干旱，应在上午、傍晚或夜间土温不高时进行灌溉。可采用喷灌、沟灌或滴灌。灌溉不宜过度，以土壤湿润为宜。沟灌时，水位不宜超过垄高的2/3。

6. **排水**　雨季来临之前，疏通排水沟，填平凹地，维修梯田。大雨过后及时检查，排除园中积水。

7. **松土**　每年立冬和施攻花肥时各进行一次全园松土，先在树冠周围浅松，逐渐往树冠外围深松，深度15～20厘米。松土时要将土块略加打碎，并结合松土维修梯田和垄。

8.覆盖　干旱地区或保肥保水能力差的土壤，应在旱季松土后用椰糠或稻草等覆盖，但当胡椒瘟病发生时不宜覆盖。

9.培土　降水量较大、水土流失严重地区和胡椒瘟病易发区，暴雨后或每年冬春季应对胡椒头进行培土，每次每株培肥沃新土50～75千克。先将冠幅内枯枝落叶扫除干净，浅松土，然后把表土均匀地培在胡椒头周围，使其呈馒头形，高出畦面约30厘米，以防雨季浸水而发生水害和病害。

10.施肥　以有机肥为主，无机肥为辅，施用标准按照NY/T 394—2013 绿色食品 肥料使用准则的规定执行。常用的有机肥有：牛、羊等畜禽粪便，以及畜粪尿、鲜鱼肥、豆饼和绿肥等。畜粪尿、饼肥一般沤制成水肥；畜粪、鲜鱼肥一般与表土或塘泥沤制成干肥。常用的无机肥有：尿素、过磷酸钙、硫酸钾、钙镁磷肥和复合肥等。结果胡椒一般每个结果周期施肥4～5次。

(1) 第1次重施攻花肥

①有机肥。主花期前3个月的下旬，每株施有机肥15千克。在植株行间和株间（离胡椒头正面远些）穴施，肥穴长80～100厘米、宽30～40厘米、深30～40厘米。挖穴后，先将表土回至穴的1/3，然后将干肥与土充分混匀回穴压紧，再继续回土至高出地面。

②水肥和无机肥。主花期前1个月的下旬，雨下透土，植株中部枝条侧芽萌动时，每株施水肥10～20千克、高氮型复合肥0.4～0.5千克。在植株两旁半月形沟施，或在植株两旁和后面马蹄形环沟施。沟距树冠叶缘10厘米左右，深10～15厘米。开沟后，先施水肥，水肥干后施无机肥，然后覆土。植株生势较弱时，施肥量可适当减少。

(2) 第2次施辅助攻花肥　第1次施肥后1个月，每株施水肥10千克、挪威高钾型复合肥0.3～0.4千克。在第1次施肥的肥沟对面半月形浅沟施，距树冠叶缘10厘米左右，深10～15厘米。开沟后，先施水肥，水肥干后施无机肥，然后覆土。

（3）第3次施养果保果肥　第2次施肥后约45天、幼果如绿豆般大小时，每株施水肥10千克、饼肥0.25千克（沤水肥）、挪威高钾型复合肥0.3～0.4千克。半月形浅沟施肥，距树冠叶缘10厘米左右，深10～15厘米。先施水肥，水肥干后施无机肥，然后覆土。

（4）第4次施养果养树肥

①主花期春季和秋季的地区，在第3次施肥后4个月，每株施水肥10千克、高氮型复合肥0.2～0.3千克。在植株后面、两侧和四株之间轮流沟施。开沟后，先施水肥，水肥干后施无机肥，然后覆土加盖草。

②主花期夏季的地区，在11月，每株施水肥10千克、挪威高钾型复合肥0.25千克、火烧土10～15千克。在植株后面、两侧和四株之间轮流沟施。开沟后，先施水肥，水肥干后施无机肥，然后覆土加盖草。

（三）间作模式中槟榔主要管理技术

1. 定植　植穴挖80厘米见方，60厘米深。挖穴时将底土和表土分开，表土混以适量有机肥，回填于植穴的下层，底土覆于上层。植穴应于定植前1～2月完成准备，株行距4米×3米。

袋装苗定植：栽培不宜过深，入穴时先去掉袋子再回土。植后淋足定根水，并盖圈根草。

成龄苗定植：选择无病虫害，树体无机械损伤；树干高度150～200厘米，最高露干处直径不小于10厘米；根系须带土团，且直径不小于70厘米，并用遮阳网包裹；单株带叶不少于5片的植株。定植前把下部3片老叶各削去1/2，以减少水分损失。

2. 施肥　幼龄树以氮肥为主，植后第2年至结果前，每年要施

3次肥，每株每次施堆肥5～10千克、磷肥0.2～0.3千克、尿素0.1千克或人粪尿5千克，根系外围穴施覆土。投产结果第1年每株加施氯化钾0.2千克。

成龄树每年施肥3次：第1次为花前肥，在2月开花前穴施，每株施厩肥10千克、人粪尿10千克、氯化钾0.15千克；第2次为青果肥，6～9月施，每株施厩肥15千克，人粪尿10千克、尿素0.15千克、氯化钾0.1千克；第3次为入冬肥，以施钾肥为主，每株施厩肥10千克、人粪尿5千克、氯化钾0.2千克。

（四）槟榔做活支柱栽培模式中槟榔主要管理技术

1. 定植　植穴挖80厘米见方，60厘米深。挖穴时将底土和表土分开，表土混以适量有机肥，回填于植穴的下层，底土覆于上层。植穴应于定植前1～2月完成准备。栽培密度采用株行距2.2米×3米。栽培不宜过深，入穴时先去掉袋子再回土。植后淋足定根水，并盖圈根草。

2. 施肥　槟榔做活支柱栽培模式中的施肥管理与间作模式完全相同，可参照执行。

第三节　咖啡复合栽培技术

在我国热带低海拔地区，咖啡复合栽培主要有橡胶/咖啡、槟榔/咖啡和椰子/咖啡等模式（图4-5）。云南橡胶园采用橡胶/咖啡和橡胶—茶叶—咖啡等栽培模式，土地利用率分别达到142.6%和148.5%，间作单位面积年均产值约是单作橡胶的2倍。海南主要采取槟榔/咖啡、椰子/咖啡复合栽培模式，土地当量比平均可达1.47，产值45 000～82 500元/公顷。除此之外，咖啡还可以间作在柚木林或龙眼中。

槟榔与咖啡复合栽培

椰子与咖啡复合栽培

图4-5　咖啡复合栽培模式

一、园地选择

1. 海南植区复合栽培园地选择　在海南全省年平均气温在22.5～25.6℃，最低气温小于5℃出现的概率小，全省均适合发展槟榔、椰子、橡胶与咖啡复合栽培。宜选择土层深度70厘米以上、土质疏松、有机质含量2.0%～3.0%、pH 5.5～6.8、地下水位1.0米以下的地区发展复合栽培。

2. 云南植区复合栽培园地选择　云南植区多为山地，小气候环境较复杂，冬季多有寒害发生。由于椰子、槟榔耐寒性差，在云南未推广栽培。小粒种咖啡的耐寒性较强，而橡胶的耐寒性差，根据橡胶的生物学习性要求，气温18℃是橡胶树正常生长的临界温度，因而发展橡胶/咖啡复合栽培应以橡胶的最低耐受温度作为依据来选择适宜的地区。

西双版纳、思茅植区一般选海拔900米以下的阳坡；临沧植区一般选海拔800米以下的阳坡，河谷阳坡可选海拔900米以下地区；德宏植区一般选海拔950米以下，局部低河谷宜选海拔600米左右地区。

冷空气易于沉积的低平地、洼地、闭塞坡脚、狭谷，或是坡度大于35°的地段，均不宜建园。

应选择土层深厚肥沃、结构良好、易于排水的壤土或沙壤土，pH 5.5～6.8，地下水位1米以下。

二、园地规划

1. 园区道路　园区道路分为主干道、次干道和步行道。主干道是咖啡园连接园外道路的通道，宽3～4米。次干道与主干道相连，是园区的作业与运输道路，宽2.5～2米。步行道与次干道相连，宽1米。

2. 排水系统　缓坡地、平台地的排水系统由环园大沟、园内纵沟和垄沟或梯田内壁小沟组成。大沟宽80厘米、深60～80厘米，离防护林2米，主要用于排除园内积水，阻隔防护林树根。纵沟垂直于垄面和梯田，每隔30～40米开一条纵沟。垄沟或梯田内壁小沟与纵沟相连。

3. 灌溉系统　山丘、坡地的水渠灌溉系统布设斗渠、农渠和毛渠。斗渠沿等高线布设。农渠与斗渠相连并垂直于等高线和等高梯田，修筑防护砌和跌水设施，每条农渠灌地面积控制在20公顷左右。毛渠为园地直接灌溉渠道，沿栽培带布局。

4. 水肥池　在园区适当位置应建造水肥池，容积10～18米^3/个，视管理面积可适当增减容积大小。一般靠近园内运输路旁，接通水、肥管道，以便向池内运送水肥。

5. 防风林　为了防御台风与寒流袭击，咖啡园四周应营造防风林。沿山脊、迎风处，与主风方向垂直设主林带，主林带宽9米左右。副林带与主林带垂直，副林带宽5米左右。防护林树种有木麻黄、台湾相思、马占相思、小叶桉等。

6. 园地开垦　保留防护林、水源林和园中散生独立树，清除园内高草、灌丛；深锄或机耕30～40厘米，清除树根、杂草、石头等，随即平整，修筑梯田，开排水沟。

（三）定植

1. 定标挖穴

（1）橡胶咖啡复合栽培　橡胶树冠幅大，为了能让咖啡有适合的光照条件，橡胶一般采用宽行密株的定植方式。在云南德宏垦区，开展了以橡胶为主的立体农业研究，在橡胶树宽行密植结构中（行距12～25米、株距2～3米）距橡胶树3米套种咖啡，取得了较好的经济效益。橡胶与中粒种咖啡复合栽培模式，橡胶株行距为2米×12.5米，咖啡株行距2米×2.5米。定标时按橡胶株行距2.5×12米定好挖穴位置，然后在橡胶行间定植2行咖啡，橡胶行与咖啡行的行距为5米（图4—6）。橡胶的植穴要求口宽80

热带香料饮料作物复合栽培技术

厘米，深70厘米，底宽60厘米，每穴施10～20千克腐熟有机肥拌0.5～1千克磷矿粉。

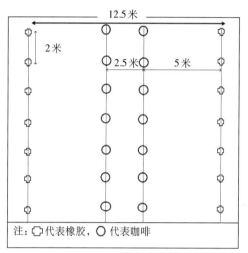

注：⬚代表橡胶，○代表咖啡

图4-6　橡胶咖啡复合栽培示意

（2）高密度咖啡复合栽培　咖啡和槟榔株行距均为2.5米×3米，咖啡行和槟榔行交替栽培，每公顷植咖啡和槟榔各1 320株，合计2 640株/公顷（图4-7）。

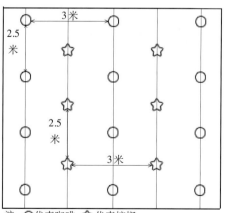

注：○代表咖啡，☆代表槟榔

图4-7　高密度槟榔/咖啡复合栽培示意

96

定标时先按株行距2.5米×3米定好咖啡的位置，再把4株咖啡围成的长方形对角线交叉点处定出槟榔的位置，咖啡的位置点和槟榔的位置点需用不同颜色的竹签标记好，以方便后期按正确的位置定植槟榔和咖啡。

（3）低密度咖啡复合栽培 咖啡和槟榔株行距均为2米×5米，咖啡行和槟榔行交替栽培，每公顷植咖啡和槟榔各990株，合计1980株/公顷（图4-8）。

定标时按株行距米2×2.5米定好挖穴位置，按1行咖啡、1行槟榔交替栽培即可。

咖啡穴面宽60厘米、深60厘米、底宽50厘米，槟榔植穴80厘米见方，60厘米深。挖穴时表土、底土分开放置，定植前半个月回土，放入基肥，先将表土回穴至1/3，将充分腐熟有机肥、过磷酸钙与表土充分混匀回穴，做成比地面稍高一点的土堆，准备定植。

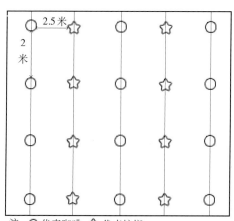

注：○代表咖啡，✿代表槟榔

图4-8 低密度槟榔／咖啡复合栽培示意

（4）椰子咖啡复合栽培 由于椰子冠幅较大，应采用宽行的栽培方法，椰子株行距为7.5米×10米，咖啡株行距2.5米×2米，每公顷栽培椰子120株、咖啡1 875株。定标时按咖啡株行距2.5米×2米定好挖穴位置，依次按4行咖啡、1行椰子定植（图4-9）。

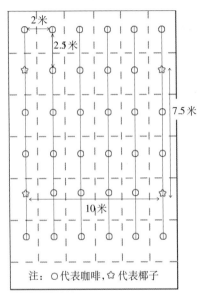

图4-9　椰子复合栽培咖啡示意

2. 定植时间　一般在春季和秋季定植，而春季干旱缺水的地区以秋季定植为好。冬季气温较低的地区，定植时间宜早，不宜迟于7月中旬，可根据降水量情况，于3～5月定植较好，让植株有较长时间生长，利于越冬。但这时气温较高，比较干旱，必须注意荫蔽和淋水，保持土壤湿润，才能保证植株成活。定植一般在阴天或晴天下午进行。雨天或雨后土壤湿度大，种苗所带土球易散开，导致苗木定植后恢复生长期长，影响成活率。

3. 定植方法　咖啡定植时选用6～8个月当年生种苗，要求顶芽稳定、植株生长健壮、根系发达、无病虫害的壮苗定植。橡胶选择袋装芽接苗，苗长到1～2蓬叶时上山为宜。定植前1～2天应修剪叶片，中下部叶蓬，每片剪去1/3，顶蓬叶全部保留。槟椰、椰子选择长4～5片浓绿叶片、高60～100厘米的1～2年生健壮苗定植。

定植宜选阴天进行。采用袋装苗时，按株行距挖穴定植。橡胶和咖啡采用袋装苗定植，先撕开塑料袋，将苗木放入植穴中，尽量不使袋装苗泥土松散，以免伤根。定植深度同苗木原来的深度相同，不宜过深。踏实后淋足定根水，用杂草覆盖，或插小树枝遮阴，减少蒸发。植后覆盖、淋水。

（四）田间管理

1. 覆盖　为抑制杂草的生长，增加土壤有机质和养分，可用矮生豆科绿肥、蔬菜等作活覆盖以抑制杂草的生长，对改良土壤和保持水土均有良好的作用。

定植后的最初几年，根浅芽嫩，为了保护幼嫩的咖啡苗不受烈日暴晒和减少地面水分蒸发，可在行间栽培覆盖植物。最好提前半年栽培临时荫蔽树，如木豆、山毛豆。

2. 除草　植株成活后，要及时把灌木砍除，留下1年生的革命菜等叶生杂草覆盖地面，保持土湿润，有利于小苗生长。一般每年除草2～3次、培土3～4次，促进根系的生长。

3. 灌溉　咖啡开花和幼果发育初期，均需要充足的水分。没有降雨的地区，在花期和幼果发育期内必须灌溉，才能使咖啡正常开花和提高稳实率。在雨水较少的季节，应加强灌水。在多雨的季节，要注意排水，避免积水，造成病害蔓延。

灌溉方法可用喷灌、沟灌、滴灌等，视天气情况决定灌溉的次数。灌水时使吸收根生长的该层土壤（深度20～30厘米）渗湿为度。

4. 施肥

（1）橡胶／咖啡复合栽培施肥

①幼龄橡胶咖啡复合栽培。应分别在橡胶和咖啡树冠滴水线处按树冠4个方位（梯田按植穴左、右、内3个方位）开沟施有机

肥,逐年变更位置,向外扩展,5年内将栽培带面深翻改土完毕。
厩肥、堆肥和绿肥等有机肥与磷肥混合后,在每年雨季后期结合
深翻改土施入。高温干旱季节宜施用沤肥。速效氮应在雨季5～9
月分次施用。冬前不施速效氮肥。

②成龄橡胶咖啡复合栽培。在橡胶、咖啡行间进行施肥,每
年施3次。第1次在雨季来临前,即每年5月左右,挖沟施肥,每
公顷施腐熟有机肥7 500千克,钙镁磷肥225千克,尿素300千克;
第2次在7月,第3次在9～10月,每公顷每次分别施入尿素180
千克,硫酸钾180千克。

(2) 槟榔/咖啡复合栽培施肥

①幼龄槟榔/咖啡复合栽培。定植1～2年内,幼树主要是营
养生长,应以氮肥为主,适当施用磷钾肥,以促进树冠的形成
和根系的发育。人畜尿或绿叶沤肥也可施用,特别在旱季,效
果更好。

第1次施肥在定植后2个月,以后每隔1～2个月施肥1次。
人畜尿单施或加入尿素、硫酸铵等速效肥料混合施用。如单施化
肥,应于雨后在树冠外15厘米处挖浅沟施。幼树施肥要掌握勤施
薄肥的原则。

②结果槟榔/咖啡复合栽培。为了更好地兼顾咖啡和槟榔对养
分的需求,根据两者的生育时期调整施肥时期,每年施肥4次。第
1次为花前肥,在2月开花前施下,在槟榔咖啡行间挖沟施肥,每
公顷施腐熟有机肥7 500千克、尿素300千克、氯化钾225千克;
第2次在6月,每公顷施入尿素180千克、硫酸钾180千克;第3次
在9月,每公顷施尿素270千克、氯化钾180千克;第4次在11月,
每公顷施腐熟有机肥7 500千克、氯化钾360千克。

(3) 椰子/咖啡复合栽培施肥 椰子生长较为粗放,根系发
达,一般在给咖啡施肥的同时,也满足了椰子生长结果的需要。
椰子复合栽培可按单作咖啡的方式施肥,每年施肥3次。第1次在

雨季来临前，即每年5月左右，挖沟施肥，每公顷施腐熟有机肥7 500千克、钙镁磷肥225千克、尿素300千克；第2次在7月，第3次在9～10月，每公顷每次分别施入尿素180千克、硫酸钾180千克。

5.整形修剪 槟榔、椰子与咖啡复合栽培模式下以咖啡的整形修剪为主，槟榔和椰子基本不需要修剪，槟榔只需去除3月以前的花苞，保留4～6月开出的花即可。咖啡的整形根据树体管理需求，主要分为以下方法。

（1）单干整形 单干整形是培养1条主干，利用一级分枝为骨干枝，二、三级分枝为主要结果枝的整形方法。在气候凉爽的高海拔地区，小粒种咖啡可采用单干整形的方法来培育丰产树形。

①一次摘顶法。在咖啡树长高至1.5～1.7米时，即在定植后第3年的5月前，将顶芽剪去。摘顶后，应及时去除主干上萌发的直生枝。一级分枝上长出的二级分枝，要及时疏剪，近树干10～15厘米以内的二级分枝因光照不足，结果少，要剪去；离树干较远处长出的二、三级分枝生势较弱，要剪去；除此之外每条分枝的一个节上保留光照好且粗壮的二、三级分枝1～2条，留下的分枝分布要均匀。凡已结果1～2年、先端生长缓慢的枝条，在基部留3～5节后剪去，促使枝条基部萌发新枝。

②二次摘顶法。在咖啡定植后1.5年左右、株高至1.5米时，截去植株顶端主干30厘米左右，摘顶后及时去除主干上萌发的直生枝，选留顶端新萌发的1条直生枝作为延续主干，疏剪二级分枝，去弱留壮、去内留外，留下的枝条分布要均匀。翌年再次截顶30厘米，截顶后不再留直生枝，控制树体高度在1.8～2米。

（2）多干整形 多干整形是培养多条主干，把一级分枝作为主要结果枝的整形方法。中粒种咖啡一般采用多干整形。

斜植法培养多条主干。定植时将苗木与地面呈45°～65°斜植，培养从基部萌生的2～3条直生枝为主干，原主干保留结果

1～2年后，从最上的1条直生枝处截去。幼龄树干老化部位较低，直生枝多从主干的基部抽出，较密集，要及时剪去细弱的，留下粗壮的，并注意留下的主干分布要均匀。

（3）修剪枝条　咖啡植株在雨季，特别是水分管理较好的情况下，主干上会萌发许多直生枝，除了要保留来代替原有生长空虚或衰弱的主干直生枝外，其余的应及时修剪，以免消耗植株养分，影响结果。中粒种咖啡二级分枝主要集中在第2～3节上长出，每节长6～7条，一般长在树冠外围的粗壮枝都能开花结果，应留下，而树冠内部的细弱二级分枝可剪去。

（4）截干更新　主干结果4～5年后产量开始下降时，可在采果后，5月前将主干从离地25～30厘米处截去。要求截口平滑，截面呈30°～40°角倾斜，有条件的在截口上涂防腐剂。截干后，选留3～4条粗壮的直生枝培养成新主干，选留的直生枝分布应均匀。老龄树截干后，要结合深翻施肥，修剪一部分老根，促进新根生长。做好培土工作，保护表层根系。研究结果表明，老龄树截干后如不深翻施肥，将会使新主干徒长，木栓化延迟，易受风害导致弯曲生长。

第四节　可可复合栽培技术

适宜的荫蔽度是可可（尤其是幼龄可可）良好生长的必要条件。为了形成一个良好的荫蔽度，同时避免荫蔽树同可可树过度争夺水分和养分，理想的荫蔽树应是生长迅速、叶片细小、树冠开阔、枝条稀疏、耐修剪、根深、抗强风、没有与可可相同的病虫害，与可可树不竞争或少竞争水分、养分的植物。我国可可复合栽培模式主要有3种：橡胶/可可，槟榔/可可和椰子/可可（图4-10）。

橡胶与可可复合栽培

槟榔与可可复合栽培

椰子与可可复合栽培

图4-10　复合栽培可可

成龄橡胶园荫蔽度在30%～45%，椰园和槟榔园荫蔽度在40%～60%，正好满足可可生长，可充分提高土地和光能利用率。研究表明，可可非常适宜与槟榔复合栽培，槟榔/可可复合栽培模式土地当量比可达1.74，产量优势比单作槟榔提高74%。成龄结果椰树根系横向分布主要集中在以树干为中心、半径2米的范围内，纵向30厘米表层没有功能根，约85%根系分布在30～120厘米土层。一般种植密度的椰园（150～180株/公顷），约有75%土壤未被根系有效利用，而可可的根为圆锥根系，成龄树侧根深度在35～67厘米，以50厘米处分布最多，主根向下深度可达3～6米。因此，在高温、雨量充沛的地区，采用槟榔和椰子间作可可是一项增加经济收入的有效农业措施。

中国热带农业科学院香料饮料研究所利用椰子、槟榔和可可的优势互补，因地制宜地开展椰子/可可、槟榔/可可高效栽培模式研究，结果表明：间作可可后可有效减少槟榔树干受太阳直射，调节土壤温度；可可凋落物降解，既抑制杂草、保持水土、增加土壤有机质和养分、改良土壤结构，同时减少了肥料投入和劳动力支出，增加了单位面积经济效益，是一项有效增加经济收入的农业措施。

一、园地选择与规划

根据可可对环境条件的要求，选择适宜的栽培地，温度是首先要考虑的因素。此外，要生产优质可可，海拔与坡向选择，适合的光照、温度、湿度等小气候环境的创造，也是非常重要的。园地的正确选择与规划能为可可园管理、产品初加工等工作的进行打下良好基础。

（一）园地选择

1. 气候条件　选择月均温22～26℃，年降水量1 800～2 300毫米的地区建园。

2. 土壤条件 选择土层深厚、疏松、有机质丰富、排水和通气性能良好的微酸性土壤。

3. 立地条件 在海拔300米以下的区域,选择湿度大、温差小、有良好防风屏障的经济林地、缓坡森林地或山谷地带。

(二)园地规划

根据地形、植被和气候等情况,周密规划林段面积、道路、排灌系统、防风林带、荫蔽树的设置及居民点、初加工厂的配置等内容。

1. 小区与防护林 小区面积2～3公顷,形状因地制宜,四周设置防护林。主林带设在较高的迎风处,与主风方向垂直,宽10～12米;副林带与主林带垂直,一般宽6～8米。平地营造防护林选择刚果12号桉、木麻黄、马占相思、小叶桉等速生抗风树种,株行距为1米×2米。

2. 道路系统 根据种植园的规模、地形和地貌等条件,设置合理的道路系统,包括主路、支路等。主路贯穿全园,并与初加工厂、支路、园外道路相连。山地建园的主路呈"之"字形绕山而上,且上升的斜度不超过8°。支路修在适中位置,把大区分为小区。主路和支路宽分别为5～6米和3～4米。小区间设小路,路宽2～3米。

3. 排灌系统 在园地四周设总排灌沟,园内设纵横大沟并与小区的排水沟相连,根据地势确定各排水沟的大小与深浅,以在短时间内能迅速排除园内积水为宜。坡地建园还应在坡上设防洪沟,以减少水土冲刷。无自流灌溉条件的种植园应做好蓄水或引提水工程。

(三)园地开垦

1. 垦地 新建立的间作可可园最好全垦,清除杂草,以利可可生长。栽培可可时宜等高栽培,避免或减少土壤侵蚀。如与成龄经济林间作,可可不宜采用机耕,直接挖穴定植即可。

2. 荫蔽树的配置 可可定植前6个月，如永久荫蔽树尚未起作用，可在可可植穴的行间栽培临时荫蔽树，一般采用香蕉、木薯、木瓜、山毛豆等作物。可可树长大结实或永久荫蔽树起作用后，便可将临时荫蔽树逐渐疏伐。同时，在空地上可栽种花生、黄豆等作地面覆盖。

3. 栽培密度与配置方式 可可株行距取决于荫蔽树的栽培方式、品种、土壤和气候条件等。

新开垦的槟榔/可可园：槟榔株行距为平地2.5米×2.5米，坡地2.5米×3米，可可与槟榔行间交错栽培，株行距与槟榔一致。如在现有槟榔园间作可可，同样依据槟榔株行距栽培，栽培方式与新开垦的园子相同（图4-11）。

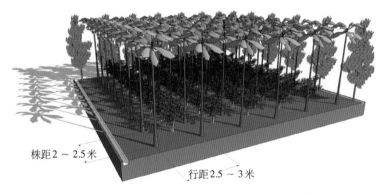

株距2～2.5米

行距2.5～3米

图4-11　槟榔间作可可规划

新开垦的椰子/可可园：可采用正方形（7米×7米，8米×8米）、长方形（7米×8米）和宽窄行密植（6米×9米＋6米×6米）/2的栽培方式，在椰子行间和株间间作可可，可可采用2.5米×2.5米、2.5米×3.0米或3.0米×3.0米的株行距（图4-12）。注意在椰子茎基2米半径的活动根系内不宜栽培可可。

株距6～9米

行距8～12米

图4-12 椰子间作可可规划

（四）可可定植

1.挖穴 可可植前1个月按株行距挖60厘米×60厘米×60厘米的大穴，并将表土、底土分开放，同时捡净树根、石块等杂物，暴晒15天左右，表土放底层、底土放表层进行回土。

2.施基肥 根据土壤肥沃或贫瘠情况施穴肥。每穴施充分腐熟的有机肥（牛粪、猪粪等）10～15千克、钙镁磷肥0.2千克作基肥，先回入20～30厘米表土于穴底，中层回入表土与肥料混合物，表层再盖底土，回土时土面要高出地面约20厘米，呈馒头状为好。植穴完成后，在植穴中心插标。

3.定植 可可苗根系较弱，叶片大，易于失水，定植时必须贯彻随起苗、随运输、随定植、随淋水、随遮阴、随覆盖等作业。如苗出圃后因故延迟定植时，应将苗木置于荫蔽处，并淋水保持湿润。

（1）定植时期 定植时期视各地的气候情况及幼苗的生长情况而定。在海南，春、夏、秋季均可定植，但以雨水较为集中时定植最佳，多选择在7～9月高温多雨季节进行，有利于幼苗恢复生长。在春旱或秋旱季节，灌溉条件差的地区不宜定植。在冬季低温季节，定植后伤口不易愈合，且不易萌发新根，影响成活率，这些地区应在早秋季节定植完毕，有利于幼苗在低温干旱季节到来之前恢复生机，次年便可迅速生长。

（2）**定植方法** 起苗时伤根过多的植株，可根据苗木强弱剪去1/2～2/3的叶片，以减少水分蒸腾，但剪叶不可过度，否则会影响可可树的生长。

按种苗级别分小区定植，定植时把苗放于穴中，除去营养袋并使苗身正直，根系舒展，覆土深度不宜超过在苗圃时的深度，分层填土，将土略微压实，避免有空隙，定植过程中应保持土团不松散。植后以苗为中心修筑直径80厘米树盘并盖草，淋足定根水，以后酌情淋水，直至成活。植后应遮阴并立柱护苗，一般可用木棍插入土中直立在苗旁或将木棍斜插在土中与苗的主干交叉，立柱后用绳子把苗的主干适当固定在木棍上。植后约半年，当苗木正常生长后，可除去木棍（图4-13）。

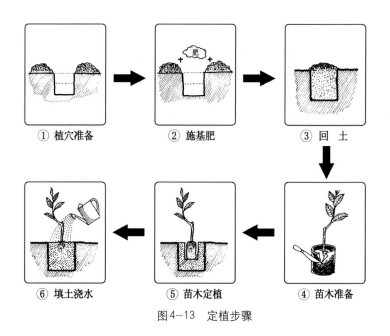

① 植穴准备　　② 施基肥　　③ 回土

⑥ 填土浇水　　⑤ 苗木定植　　④ 苗木准备

图4-13　定植步骤

（3）**植后管理**　定植后3～5天如是晴天和温度高时，每天要淋水1次，在植后1～2个月内，应适当淋水以提高成活率；如遇雨天，应开沟排除积水，以防止烂根。植后1个月左右抽出的砧木嫩芽要及时抹掉，并及时补植缺株，保持果园苗木整齐。

二、田间管理

（一）土壤管理

可可根系比较纤弱，主要根系都分布在表土层，因此，加强土壤的管理，保护好土壤表层的有机质和良好的结构就显得十分重要，尤其是树冠尚未郁闭的幼龄可可园。

1. **土壤覆盖**　可可原产于热带雨林下，高温高湿的环境使其快速生长，故从幼树期到树体本身能通过落叶形成覆盖层前，应进行树盘周年根际覆盖（图4-14），形成与原产地相似的雨林根际环境，减少土壤水分蒸发，夏降土温，冬升土温，增加表土有机质，减少杂草。

死覆盖　　　　　　　　　活覆盖

图4-14　覆　盖

（1）**死覆盖**　就是在直径2米树冠内修筑树盘，以枯枝落叶、椰糠或秸秆作为覆盖物，厚3～5厘米，并在其上压少量泥土。覆盖物不应接触树干。行间空地可保留自然生长的草。

（2）**活覆盖**　就是在可可行间栽培卵叶山蚂蟥、爪哇葛藤、毛蔓豆等豆科作物作为覆盖物。不宜间作甘蔗、玉米等高秆作物或耗肥力强的作物，间作物距可可树冠50厘米以上。对活覆盖必须加强管理，防止其侵害可可植株。

2. 中耕除草与深翻压青　植株成活后，每年应中耕除草，一般幼龄树每年3～4次，并结合松土，以提高土壤的保水保肥能力和通气性。可可成龄后一般不主张在植株附近深耕与松土，而是于每年夏季或冬季进行深翻扩穴压青施肥，以改良土壤。方法是：沿原植穴壁向外挖宽和深各40厘米、长80～100厘米的施肥沟，沟内施入杂草、绿肥，并撒上石灰，再施入腐熟禽畜粪肥或土杂肥等有机肥约10千克、钙镁磷肥或过磷酸钙300克后盖土。每年扩穴压青施肥1～2次，逐年扩大。

（二）水分管理

在雨水分布不均匀、有明显旱季的地方，当土壤水分减少到只有有效水的60%时，可可的光合作用与蒸腾作用开始下降。因此，为了保证土壤有足够的水分供应可可正常生长，在旱季应及时灌溉或人工灌水。在雨季，如果园地积水，排水不良，也会影响可可的生长。因此，雨季前后应对园地的排水系统进行整修，并根据不同部位的需求扩大排水系统，保证可可园排水良好。

（三）荫蔽树管理

为了形成一个良好的荫蔽，在对可可树进行整形修剪的同时，还必须根据气候、土壤条件和植株生长情况对荫蔽树进行修剪，否则荫蔽度过大会导致可可树不能正常抽芽、开花、结果。随着可可树的生长，其自身树冠逐渐郁闭地面，此时荫蔽树造成的荫蔽度必须逐渐减小，尤其是土壤比较肥沃的园地，一般当永久荫蔽树起作用时，应及时将临时荫蔽树砍掉。当荫蔽度过大时，应对过密的荫蔽树枝条进行修剪或疏伐荫蔽树；当可可的荫蔽度不足时，就应栽培或补种荫蔽树。

（四）施肥管理

对可可的生产管理可同时提高槟榔园和椰园施肥量。另外，大量可可枯枝落叶凋落物分解为天然肥料，增加了槟榔园和椰园土壤有机质等养分含量，促进了土壤有益微生物活动，土壤养分比例趋向平衡，同时可防控杂草。

可可树生长迅速，幼树每年抽生新梢6次左右，进入结果期后，除了营养生长外，还终年开花结实。可可对养分的需求量还与其所处的荫蔽度有关，荫蔽度低时需要更多的养分才能达到高产，如果荫蔽合适则达到高产时的需肥量就要少得多。可可树在成龄时，一般40%～60%的荫蔽度较合适，以下论证的施肥量都是指在该荫蔽度下的施肥量。

按每公顷平均年产可可豆800千克计，每年从每公顷土壤吸收氮16千克、磷7千克、钾10千克、钙2.4千克、镁4千克。但是，可可果实所消耗的养分在可可园所消耗的总养分中仅占很小的比例，植株的根、干、枝和叶片等组织及荫蔽树消耗了更多的养分，还有一些养分则被雨水淋溶或暂时不能利用。因此，每年必须给土壤补充大量的养分，才能保证可可树持续开花结果。

加纳的专家研究认为，可可的生长发育需要较多的有机质。有机质含量高，提高了土壤孔隙度和田间持水量，从而提高了土壤肥力，改良了土壤的理化性质，满足了可可的各种营养元素需要。

中国热带农业科学院香料饮料研究所的研究表明，幼龄可可每年施有机肥15千克/株，主干月平均增粗达0.21厘米，比对照增加 133.3%，且在定植18个月后有40%植株开花，而对照未开花。施有机肥促进了可可根系的伸展，增加了吸收根的数量，故充足的有机肥是可可速生丰产的重要条件。

根据可可生长结实对养分的要求，除了充足的有机肥外，还要配合施用化肥。特立尼达皇家农学院进行多年可可肥料研究表明，钾肥的施用可减少可可树干果，提高坐果率，对增产效果十分显著，可可豆产量比试验前增加了247%；氮肥的施用对幼龄可可的生长发育有显著效果，可以提高初产期的产量，但在可可树冠已发育起来、互相荫蔽以后，施用氮肥的效果就不显著，如在磷肥不足的条件下，甚至可能抑制可可生长；施用磷肥也能使可可获得增产效果。

科特迪瓦的研究认为，养分间比例的平衡比实际施用量更重要，发现钾、钙、镁的最适比例为1：8.5：3，氮和磷的最适比例为2：1，按这一配方对4年生的可可树施肥，在第2年就可使每公顷增加干豆300～600千克，同时还发现钙可促进可可枝条的发育与生长，提高产品的品质，镁可消除脉间褪绿病，适量的锌可提高产量，适量的硼可促进生长。因此，可可需要充足而平衡的土壤养分。此外，荫蔽树本身每年消耗土壤中储备的大量养分，也必须靠施肥不断予以补充。

根据多年研究和经验，总结我国复合栽培可可施肥技术如下，施肥方案见表4-1。

1.幼龄可可园施肥　幼龄园勤施薄肥，以氮肥为主，适当配合磷、钾、钙、镁肥。定植后第1次新梢老熟、第2次新梢萌发时开始施肥，每株每次施腐熟稀薄的人畜粪尿或用饼肥沤制的稀薄水肥1～2千克，离幼树主干基部20厘米处淋施。以后每月施肥1～2次，浓度和用量逐渐增加。第2～3年每年春季（4月）分别在植株的两侧距主干40厘米处轮流穴施1次有机肥10～15千克，5月、8月、10月在树冠滴水线处开浅沟分别施1次硫酸钾复合肥（15：15：15），每株施用量30～50克，施后盖土。

2.成龄可可园施肥　每年春季前在可可冠幅外轮流挖一深

30 ～ 40厘米、长60 ～ 80厘米、宽20厘米左右的沟，结合压可可落叶，施1次有机肥，每株施用量12 ～ 15千克。5月、8月、10月在树冠滴水线处开浅沟分别施1次硫酸钾复合肥（15 : 15 : 15），每株施用量80 ～ 100克，施后盖土。开花期、幼果期、果实膨大期，根据树体生长情况每月喷施0.4%尿素混合0.2%磷酸二氢钾和0.2%硫酸镁，或氨基酸、微量元素、腐殖酸等叶面肥2 ～ 3次。

表4-1　我国可可施肥方案

定植年限		有机肥（千克/株）	化肥（千克/株）				施肥时期与方法
			尿素	过磷酸钙	氯化钾	复合肥	
幼龄树	第1年	10～15	0.11	0.21	0.055	0.15	（1）有机肥：春节前轮流穴施，离树干35～40厘米。（2）化肥：肥料分5等份，4月和7～8月各施1次水肥，5月、9月和10～11月各开浅沟施1次。
	第2年	10～15	0.17	0.32	0.082	0.23	
	第3年	10～15	0.22	0.42	0.11	0.30	
成龄树	第4年之后	15～20（另加100克钙镁磷肥）	0.25	0.44	0.18	0.30	（1）有机肥：春季前结合可可落叶，冠幅外穴施。（2）化肥：肥料分3等份，分别于5月、8～9月和10～11月在冠幅边缘开沟施。（3）叶面肥：在6月、7～11月每隔15天喷施1次。

（五）整形修剪

合理的整形修剪让可可树主干通透，分枝层次分明，树冠结构合理，叶片光合作用率高，促进生长和开花结果。整形修剪是一项长期而重要的工作。

1. 整形

(1) **实生树整形** 可可实生树主干长到一定高度在同一平面自然分枝5条左右，保留3～4条间距适宜的健壮分枝作为主枝（图4-15）。如果主干分枝点高度适宜，将主干上抽生的直生枝剪除；如果分枝点部位80厘米以下，则保留主干分枝点下长出的第1条直生枝，保留3～4条不同方向的分枝作为第2层主枝，与第1层分枝错开，形成"一干、二层"的双层树型。

整形前（5条分枝）   整形后（保留3条分枝）

图4-15 可可实生树整形

(2) **扇形枝插条树或芽接树整形** 可可扇形枝自根系植株和芽接树分枝低而多，扇形枝树迟早会抽出直生枝，如果让一条直生枝任意生长，会抑制其他扇形分枝而使植株形成实生树的树型。生产试验证明，修去全部直生枝的扇形枝树和让一条基部直生枝发育并除去原始扇形枝的直立型树，它们之间的产量在7龄以前没有显著的差异。因此，为了使这些植株形成一个较高的树型，低的分枝应当修去，一般只留下80～100厘米处的3～4条健壮分枝，让其发育形成骨架，使树枝伸展成框架形，树冠发育成倒圆锥形。此外，整形应在植后两年逐步轻度进行，过度剪除幼龄植株的叶片对其生长不利。

（3）修剪　修剪即除去不必要的枝条，以改善树型、控制高度、方便采收。可可树修剪宜在旱季进行，修剪工具必须锋利，剪口要求光滑、洁净。修剪次数各地不一，1龄可可树应2～3个月修剪1次，之后每年进行轻度修剪3～5次，剪除直生枝、枯枝及太低不要的分枝，且将主枝上离干30厘米以内和过密的、较弱的、已受病虫侵害的分枝剪除，并经常除去无用的徒长枝，使树冠通气、透光（图4-16、图4-17）。这一措施在环境潮湿、长期阴天的地区、植株密度较大和荫蔽度大的可可园尤为必要。

修枝前　　　　　　　　　修枝后

图4-16　可可幼龄树修枝

修枝前 修枝后

图4-17 可可成龄树修枝

可可树应轻度修剪,因为过度修剪和截枝会使植株生长停滞,从而引起减产,而且还会使主干反常地抽生直生枝或引起抽芽过多而使植株易遭病虫害。

第五节 热区主要复合栽培模式

目前,我国热区香料饮料作物复合栽培生产上主要推广槟榔/香草兰、槟榔/胡椒、槟榔/咖啡、槟榔/可可、椰子/咖啡、椰子/可可等模式,单位面积经济效益均高于单作种植。另外,研究筛选的复合栽培模式还有油棕/香草兰、澳洲坚果/咖啡、菠萝蜜/可可、椰子/可可/糯米香、橡胶林下种植糯米香、槟榔/香露兜等(图4-18)。研究表明,这些模式具有较高的单位面积经济效益,目前正处于尝试阶段，极具发展潜力和商业推广价值。

油棕与香草兰复合栽培

菠萝蜜与可可复合栽培

橡胶林下种植糯米香

槟榔林下种植香露兜

图4—18　其他复合栽培模式

第五章

主要病虫害防治

第一节 主要病害及防治

一、香草兰病害

国外已报道的香草兰病害有30多种，主要为真菌病害，也有细菌、病毒和线虫病害。据调查，我国香草兰植区病害有20多种，主要有根（茎）腐病、细菌性软腐病、炭疽病和疫病4种，目前已掌握相关病害病原菌、发生流行规律及相关防治措施。

（一）根（茎）腐病

1. 危害症状 初染病根系（根毛、根尖和其他组织）水渍状（图5-1），后变成褐色腐烂（一般地下吸收根先染病变褐致死，然后是地上气生根），重病植株停止抽生嫩芽，叶片萎蔫变软呈黄绿色，最后植株下垂呈棕褐色而死亡。受害茎蔓节间初期产生水渍状、暗绿色、不规则的病斑，后病部湿腐、皱缩、凹陷，并向上下和横向扩展蔓延，环缢茎蔓，呈灰褐色，最后茎蔓内部组织变成褐色，叶片褪绿、萎蔫，严重的植株死亡。受害荚果顶端变黄，后腐烂并向下蔓延。

2. 病原 在潮湿的条件下，病部出现橘红色黏状物，即病原菌的分生孢子团。

3. 发生与流行规律 在低温、多雨的季节最易发生。病菌一般从伤口侵入，但多为侵染气生根和地下不定根。

4. 防治方法 加强种植园管理，堆肥要腐熟，不偏施、过施氮肥，排除积水，控制土壤含水量，保持通风透光。定植时，用50%多菌灵或70%三乙膦酸铝·代森锰锌可湿性粉剂800倍液浸苗1分钟。田间操作时避免机械损伤，每4天检查1次，发现病株，及时剪除病枝，清除重病株，并喷40%灭菌灵乳油250倍液或50%多菌灵可湿性粉剂300倍液。也可用50%多菌灵800倍液或甲基硫菌灵1 000倍液淋灌病株周围的土壤，7～10天淋1次，共2～3次。

图5-1　香草兰根腐病症状

（二）细菌性软腐病

1. 危害症状　系近几年发现的一种病害。叶片初染病产生水渍状病痕，后病痕迅速扩展，病部叶肉组织浸离、软腐塌萎，腐烂病痕边缘出现褐色线纹。潮湿条件下病部渗出乳白色溢脓，最后整片叶腐烂（图5-2）。在干燥情况下，腐烂的病叶呈干茄状。

图5-2　香草兰细菌性软腐病症状

2. 病原　该病病原为胡萝卜欧氏软腐菌胡萝卜病原型。在平板培养基上培养48小时，产生圆形、稍平坦、表面光滑的乳白色半透明菌落，直径1～2毫米。

3. 发生与流行规律　该病周年均可发生危害，发生流行与温湿度、降水量关系密切，低温干旱、降水量少的季节（11月至翌年3月）发病较轻或不发病，高温高湿多雨季节（4～10月）发病较重。每次连续降雨过后，均会出现病害高峰期，病情指数最高达11.9以上。

4. 防治方法　田间管理过程中尽量避免机械损伤，进入1月以后，尽量减少或限制理蔓等操作。雨季来临前、春节前全面喷施1次0.5%～1.0%波尔多液。发病后及时清除病株、病蔓、病叶，并用农用链霉素3 000～5 000倍液或47%春雷氧氯铜可湿性粉剂800倍液全面喷施2次。

（三）炭疽病

1. 危害症状　初染病叶片和果荚出现点状黑褐色或棕色水渍状小斑点，后逐渐扩展成近圆形或不规则形的下陷大病斑。病斑中央凹陷，边缘不明显，高温高湿条件下病斑上出现粉红色黏状物（病原菌分生孢子团）。当感病组织干缩状时，病斑中央变为灰褐色或灰白色，呈薄膜状，其上散生许多小黑点，病叶上的病斑边缘有一条窄的深褐色环带，病部破裂或穿孔，重病叶片枯萎脱落，最终导致香草兰叶片、茎蔓、果荚局部干枯坏死，严重的可导致整条蔓死亡（图5-3）。

图5-3　香草兰炭疽病症状

2.病原　该病的病原为胶胞炭疽菌（*Colletotrichum gloeosporioides*）。

3.发生与流行规律　种植过密、连续降雨、排水不良以及过度荫蔽均易发生此病。

4.防治方法　加强种植园管理，搞好田园卫生，选晴天及时清除病叶、病蔓；排除积水，保持通风透光，施足肥料，增施磷钾肥，提高植株抗病能力。发病期间，喷施50%多菌灵1 000倍液、75%百菌清800倍液或50%福美双可湿性粉剂800倍液。

（四）疫病

1.危害症状　茎蔓、叶片、果荚均可发病，以嫩梢、嫩叶、幼果荚和低部位（离地40厘米以内）的蔓、梢、花序和果荚更易发病。在田间多数从嫩梢开始感病，发病初期嫩梢尖出现水渍状病斑，后病斑逐渐扩至下面第2～3节，呈黑褐色软腐，病梢下垂。有的叶片呈水泡状，内含浅褐色液体，并有黑褐色液体渗出。湿度大时，在病部可看到白色絮状菌丝。花和果荚发育初期出现不同程度的黑褐色病斑，随病情扩展，病部腐烂，后期感病的叶片、果荚脱落，茎蔓枯死（图5-4）。

图5-4　香草兰疫病症状

123

2. 病原　引起海南香草兰疫病的疫霉菌种类为烟草疫霉（*Phytophthora nicotianae*）和寄生疫霉（*P. parasitica*）。

3. 发生与流行规律　该病一年有两个发病高峰期，分别为4月下旬至6月上旬和9月中旬至11月上旬。

4. 防治方法　园地规划以0.2公顷以内为一小区栽培，避免大面积连片栽培，施足基肥，及时适度灌溉，雨后及时排除积水，避免过度荫蔽，保持通风透气，尽量避免人为碰伤，及时清除病死株，切除重病茎蔓、病叶和染病果荚，并涂药保护切口。淋灌和喷施用的药剂为25%甲霜灵可湿性粉剂、50%烯酰吗啉可湿性粉剂500～800倍液，每周喷药1次，连喷2～3次。

二、胡椒病害

全世界胡椒的病害主要有31种，其中瘟病是世界胡椒首要病害，也一直是危害我国胡椒生产的首要病害，此外根结线虫病也是胡椒主要病害。

（一）胡椒瘟病

1. 危害症状　病菌可以侵染胡椒的根、茎、枝、叶和花穗及果穗等器官，形成斑点或使组织腐烂，导致植株大量落叶和死亡。在病害流行期间，发病胡椒园最显著的特征是叶片大量脱落和凋萎。甚至在短期内病害可把整个胡椒园植株摧毁。叶片和胡椒头（茎基部）感病症状是识别胡椒瘟病的典型特征。

（1）叶片　病菌侵染叶片2～3天后便出现斑点，最初为灰黑色，扩大后变成黑褐色。病斑一般为圆形，较大，直径3～5厘米，对光检查时可见病斑边缘呈放射（扩散）状，有水渍状晕圈。在潮湿天气，病斑扩展快，在叶背面长出白色霉状物（菌丝体、孢子梗和孢子囊）。雨后转晴时，病斑中央褪为灰褐色，边缘仍保持黑褐色，但放射状不明显，这时，特别是在叶尖的病斑，易被误认为炭疽病（图5-5）。感病叶片容易脱落。

叶片

主蔓

图5-5　胡椒瘟病症状

（2）胡椒头（茎基部） 椒头感病多半发生在离地面约20厘米范围内的部位。木栓化的主蔓感病，初期外表皮没有明显的症状。刮去外表皮，显出内皮层变黑。作V形剖面时，可见木质部呈淡褐色，导管变黑褐色。病健交界不明显，病害后期外表皮也变黑，木质部腐烂，并溢出黑水。

2. 病原 胡椒瘟病的病原为辣椒疫霉（*Phytophthora capsici*）和寄生疫霉（*P. parasitica*），属鞭毛菌亚门，卵菌纲，霜霉目，疫霉属。

3. 发生与流行规律

（1）**病害的发生** 病害周年均可发生，一般雨季后开始出现叶片侵染。在椒园的进口、路边、坡下或水沟边的植株，其贴近地面的外层叶片出现病斑，或出现个别死亡植株。台风雨季（9～11月），病害开始流行，贴近地面的叶片，嫩蔓和花果穗大量感病，随后胡椒头和根部也表现出受侵染的症状，11～12月出现感病植株大量死亡。

（2）**病菌的来源、传播、流行** 主要侵染来源是带菌土壤、病（死）植株的病残组织及其他寄主植物。病原菌靠雨水或流水、台风、人畜、农具、种苗传播。雨水能将病菌从病株淋洗到土壤，使其成为带菌的病土，降雨时又将病土溅射到叶片上，使下层椒叶首先感病，病菌又能随雨水、地面流水在椒头流传，甚至传到附近椒园。病原菌通过寄主的自然孔口或伤口侵入，也可通过伤口、吸根和幼嫩组织侵入老蔓和椒头。在不挖椒和根系的情况下，一般从茎部修剪的伤口侵入，个别从根尖先感病，向地下蔓延。接种木栓化胡椒主蔓，潜育期15～20天；接种嫩叶或嫩蔓，潜育期2～5天。

根据在病园观察，病害的流行过程可分为中心病株（区）出现、普遍蔓延、严重发生和流行速度下降4个阶段。

① 中心病株出现阶段。一个无病椒园，最初出现的感病植株

不多，贴近地面少数叶片先感病，或者出现零星死株。

② 普遍蔓延阶段。中心病株出现后，如不及时防治，病菌通过人畜的传播，近地面的椒叶、花、果大量感病，叶片感病率普遍上升。此段时间大部分植株主蔓尚未表现症状，如继续遇到台风雨或连续雨天，叶片继续大量感病，流行速度加快，病株遍及全园。

③ 严重发生阶段。椒园普遍发病后，要经过一段时间才转入此阶段，主要与台风降雨有关，适宜条件下这一过程较短，这时主蔓基部受到侵染，组织腐烂，死株急剧增加。根据观察，海南岛严重发病死亡阶段多在10～11月，个别年份在12月，如继续降雨，还继续出现病叶。

④ 流行速度下降阶段。严重发病的椒园大量病椒死亡后，随着转入低温干旱的天气，病叶较少出现，病害流行速度下降。

一个没有防治或防治不彻底的病园，从开始发病到大量流行到整个椒园毁灭，快的0.5～1年，慢的2～3年。因此，根据病害发生流行特点，防治工作必须抓紧抓早，将病害消灭于发生初期（即中心病株出现阶段）。

4.防治方法

（1）农业防治　采用以控制胡椒园水分为主的综合农业措施，尽早发现病害，及时适当地使用化学农药，对胡椒瘟病的防治有良好的效果。

①选用无病种苗，不引种病区种苗。

②不选低洼积水、河边、水库边、沟边容易浸水的地方和排水不良的土壤种椒，椒园尽量不要选在居民点附近。

③ 搞好椒园基本建设，造好防护林。在风大的地区1 333～2 000米^{2}一个椒园，一般最好不超过3 335米^2。开好排水沟，等高梯田或起垄栽培。胡椒园外要有深0.8～1米、宽1米的

拦水沟，园内每隔12～15株胡椒要开一条纵沟，梯田或垄要有小排水沟，做到大雨不积水。

④逐年修剪基部20厘米以下的枝条，使椒头保持通风透光。一般在第2次割蔓前先剪去"送嫁枝"，第3次割蔓时修剪完毕。如剪口较大，可涂上波尔多浆保护。在雨季来临前定期清洁椒园内和椒头枯枝落叶，修剪下来的枝蔓不可丢在园内，应集中于园外低处烧掉。

⑤旱季开始时松土，让阳光暴晒，消灭地表层的病原菌。椒头定期培土，做到椒头不低陷积水。培土用的泥土要预先翻松，充分暴晒，避免土壤带菌传病。

⑥加强施肥管理，不偏施氮肥。及时绑蔓和更换支柱，小心操作，尽量减少椒头受扭伤。及时处理被台风吹倒吹脱的胡椒，填好支柱周围的洞穴。

⑦建立检查制度，专人负责检查工作。主要在大雨后进行，及时检查有无病叶出现（特别是曾发生过瘟病的椒园），着重检查椒园低洼处、水沟边、人行道、粪池附近的落叶和堆放落叶的地方。发现病叶，做好标记，立即处理。认真做好病区隔离工作，注意检查时应穿平跟水靴并遵循1人检查1个椒园的原则，流行期雨天尽量不进园操作，减少人为传病。做到"勤检查，早发现，早防治"。

⑧及早了解气象预报，特别是当年9～10月的降雨情况，做好预防工作。

（2）**药物防治**

①采病叶。病叶少的胡椒，在露水干后采去病叶（病花、果穗），再喷药保护。病叶太多或天气不好，可先喷药1次，再采病叶（特别注意病叶采摘后要集中园外低处烧毁）。

②叶片喷药。病叶采摘后，用68％精甲霜·锰锌、25％甲霜·霜霉威或50％烯酰吗啉500倍液整株喷药，或在离最高病叶50

厘米以下的所有叶片喷药。喷药时喷头向上，并由下而上喷，确保叶片正反面都喷湿，以有药液滴下为好。每隔7～10天喷1次，连喷2～3次，直到无新病叶产生为止。

③椒头淋药。发病初期在中心病区（即病株的四个方向各2株胡椒）的胡椒树冠下淋68%精甲霜·锰锌或25%甲霜·霜霉威250倍液，每株每次用药5～7.5千克，视病情轻重，淋药2～3次。

④土壤消毒。淋药后，用1%硫酸铜，或68%精甲霜·锰锌，或25%甲霜·霜霉威，或50%烯酰吗啉500倍液对中心病区的土壤进行消毒。雨天湿度大时也可用1∶10粉状硫酸铜和沙土混合，均匀撒在冠幅内及株间土壤上。

⑤病死株处理。方法一，晴天及时挖除病死株，并清除残枝蔓根集中园外低处烧毁。病死株植穴用火烧、用2%硫酸铜液消毒或暴晒至少半年。阳光暴晒和火烧植穴一般要经半年之后才无病菌存在。方法二，砍除地上部分并集中园外烧毁，椒头灌入2%硫酸铜液12.5千克/株，15天后再挖除椒头暴晒1个月以上。

（二）根结线虫病

1. 危害症状　胡椒的大根和小根都能被根结线虫寄生。根结线虫侵入根部，多开始于根端，被害组织因受它的分泌物刺激，细胞异常增殖而膨大，使受害部呈现形状不规则、大小不一的根瘤，多数呈球形，宛似豆科作物的根瘤。由于侵入时间不同而使根瘤形状多种多样，有的呈人参状或甘薯状，又因幼根生长点未遭损害而继续生长，根端继续遭受侵害而发生根瘤，使被害的根形成念珠状（图5-6）。

根瘤初形成时呈浅白色，后来变为淡褐色或深褐色（图5-7），最后呈黑褐色时根瘤开始腐烂。旱季根瘤干枯开裂，雨季根瘤腐烂，影响吸收根的生长及植株对养分的吸收。植株受害后，生长停滞，节间变短，叶色淡黄，落花落果，甚至整株死亡（图5-8）。

图5-6　胡椒根系形成根瘤

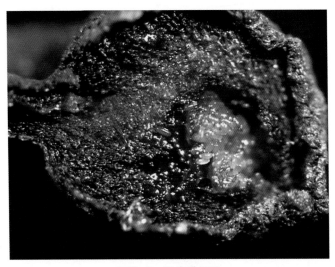

图5-7　根瘤横切面

图5-8　胡椒根结线虫病症状

2. 病原　主要类群为南方根结线虫（*Meloidogyne incognita*），少量为花生根结线虫（*M. arenaria*）。雌雄异体，幼虫呈细长蠕虫状。雄成虫线状（图5-9），尾端稍圆，无色透明，大小为（1.0 ~ 1.5）毫米 ×（0.03 ~ 0.04）毫米。雌成虫梨形（图5-10），多埋藏在寄主组织内，大小为（0.44 ~ 1.59）毫米 ×（0.26 ~ 0.81）毫米。该属线虫世代重叠，终年均可危害。

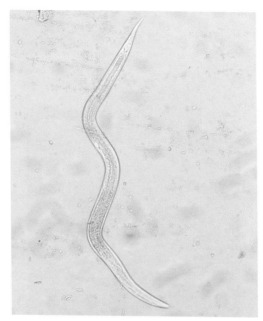

图5-9　根结线虫雄成虫

图5-10　根结线虫雌成虫

3. 发生规律　根结线虫的分布广泛，寄主植物多，据报道根结线虫的寄主有1 700多种。在海南除侵害胡椒外，还侵害香蕉、菠萝、番木瓜、番石榴、甘蔗、茶树、咖啡、可可、香茅、西瓜、辣椒、丝瓜、苦瓜等。在种过根结线虫寄主植物的土地上种植胡椒容易发生胡椒根结线虫病。在海南各植区土壤中终年均可发现根结线虫2龄幼虫，因此，寄主植物全年可被侵染感病。

病原线虫多分布在10～30厘米深的土层内，以卵或幼虫随病体在土壤中存活，寄主存在时孵化出的2龄幼虫侵入寄主。根结线虫病的发生和流行与土壤类型、气候和栽培管理等有关。一般在通气良好的沙质土中发生较严重，栽培管理差、缺乏肥料特别是缺乏有机肥、土壤干旱的椒园易发生，在旱季寄主地上部症状表现更明显、严重。6～8月气温较高，降水量偏小，土壤中2龄幼虫密度相对较大；9～10月降水量增大，土壤温度较高，2龄幼虫密度开始降低；进入11月后，降水量减少，气温回落，2龄幼虫密度较前两个月又逐渐上升。雌成虫周年的寄生量比较均匀。初侵染源来自病根和土壤，引种带病种苗是重要的传播途径。由于线虫在土壤中的移动距离非常有限，再侵染主要靠灌溉和流水，人畜的行走、肥料、农具运输等也能传播。

4. 防治方法

(1) 农业防治

①培育壮苗。培育胡椒种苗的苗圃应选择远离严重发生根结线虫的胡椒园，苗圃四周应设有阻隔设施，以防止外界水源流入和土壤传入；不从发生根结线虫的胡椒园取土育苗；苗床用土应在太阳下暴晒15天以上；应从长势良好的胡椒植株上剪取插条培育种苗；不应将感染线虫病的种苗出圃。

②正确选地。不应选用前茬种植过花生、香蕉、番茄等作物的地块种植胡椒。

③园区土壤处理。选择干旱季节开垦胡椒园，深翻土壤40厘米以上，翻晒2～3次，以降低线虫虫口密度。在近水源处，也可引水浸田2个月以上，排干水后再整地种胡椒。

④加强栽培管理。适施磷钾肥，增施有机肥，以改良土壤、提高肥力、增强胡椒抗性；定期清理园区杂草及周围野生寄主；冬季及高温干旱季节在椒头盖草，保持椒头湿度；把胡椒根系引入40厘米以下的土层里，使胡椒根系发达，生势旺盛，能增强植株对线虫的抵抗力。

⑤加强对1年生幼苗的管理，常年保持完整荫蔽物，坚持每月施腐熟水肥2次，椒头常年覆盖，保持湿度，防干旱，连续10天不下雨时要淋水。

⑥定期巡查病害。每月巡查1次，根据植株长势、叶片颜色、根系产生根结等情况，综合判断是否有根结线虫侵害。如有根结线虫危害应及时做好标记并施药防治。

（2）化学防治　采用3%氯唑磷颗粒剂（米乐尔），或10%噻唑磷颗粒剂（福气多），或3%丁硫克百威（好年冬）颗粒剂50～100克，埋在发病植株根盘10～30厘米深处，盖土并淋水保湿。

此外，使用阿维灭线磷颗粒剂、博士1∶4颗粒剂、击线颗粒剂、阿维菌素＋辛硫磷乳油等均有较好的防效。受害严重的植株可将受害根切除，培上新土，加强水肥管理，促其恢复生长。

三、咖啡病害

据报道，全世界侵害咖啡的病害有50多种，其中咖啡煤烟病在复合栽培下较为严重，主要分布于我国海南省。

（一）咖啡煤烟病

1. 危害症状　该病在植株叶片、枝条、果实均可感病。叶片感病后叶面被煤烟状霉层覆盖而变黑，后期在叶面上散生黑色小点，容易被水冲去。被害枝条、果实也变黑，受害轻的果实表面出现黑色霉点，严重的全果变黑。多数时候在煤烟状霉层中还混有刺吸式口器害虫排泄的黏质物。严重发生时，植株光合作用受阻，导致产量和果实品质降低（图5-11）。

图5-11　咖啡煤烟病症状

2. 病原　该病的病原为*Capnodium brasiliense*，为座囊菌目，煤炱科，煤炱属真菌，此菌属寄生菌。

3. 发生与流行规律　病菌以昆虫排出的蜜露为主要营养来源，有时也利用寄主叶片本身的渗出物在枝叶表面营腐生生活，营养体和繁殖体均能越冬或越夏，病害流行与同翅目昆虫的活动和虫口密度密切相关。这类害虫除为煤炱菌提供营养外，也是病菌的携带者和传播者。该病借蚜虫、介壳虫的分泌物繁殖，又通过蚂蚁传播。过度荫蔽和潮湿的环境有利于该病的发生与流行。

4. 防治方法

（1）农业防治　做好修枝整形，保持树体通风透光良好。做好引发本病的蚜虫、介壳虫和蚂蚁等害虫的防治。

（2）化学防治　选用48%乐斯本乳油1 000～2 000倍液，或25%蚜虱净可湿性粉剂3 000倍液，或0.3%苦参碱水剂200～300

倍液，或2.5%功夫乳油1 000 ~ 3 000倍液等，可防治蚜虫、介壳虫和蚂蚁等害虫。

（二）咖啡枝枯病

1. 危害症状　咖啡植株中部结果枝干枯（图5-12）。

图5-12　咖啡植株结果枝干枯

2. 形成原因　咖啡枯枝病是咖啡树的一种生理性病害，因结果过多，植株养分特别是糖分耗竭而造成的。在无遮阴、施肥（特别钾肥）少、管理差、结果量过多、枝小蠹侵害情况下均可形成枯枝。

3.防治方法

①适度荫蔽。采用槟榔与咖啡、椰子与咖啡间作，适度荫蔽有利于保持植株的营养生长与生殖生长平衡，防止过度结果造成枯枝。

②地面覆盖厚草，保护根系，改善地上部分与根系之间的协调关系。

③在咖啡盛果期加强水肥管理。

④单干整形修剪，培养一级分枝为骨干枝，一级分枝和二级分枝均匀结果。此种整形修剪方法可防止枯枝。

四、可可病害

全球可可病害造成的产量损失高达40%～50%，比大多数其他热作病害的损失都高。黑果病是世界上危害可可产业最严重的一种真菌病害，又称可可疫病，许多可可主产国受其危害，直接造成产量损失。黑果病也是危害我国可可产业的主要病害。

可可黑果病

1.危害症状　病菌主要侵害可可荚果，也常侵害花枕、叶片、嫩梢、茎干、根系。幼苗和成龄株都受侵害。荚果染病，开始在果面出现细小的半透明斑点，很快变褐色，后变黑色，斑点迅速扩大，直到整个荚果表面被黑色斑块覆盖。潮湿时病果表面长出一层白色霉状物（图5-13），病果内部组织受害变褐色（图5-14），最后病果干缩、变黑、不脱落。花枕及周围组织受害，开始皮层无外部症状，但在皮下有粉红色变色。受害叶片先在叶尖湿腐、变色，迅速蔓延到主脉；较老的病叶呈暗褐色、枯顶，有时脱落。嫩梢受害常在叶腋处开始，病部先呈水渍状，很快变暗色、凹陷，常从顶端向下回枯。茎干受害产生水渍状黑色病斑，病斑横向扩展环缢后，病部以上的枝叶枯死。根系受害变黑死亡。在高湿苗圃，受害幼苗开始出现顶部叶片变褐色，扩展到茎干，引起幼苗坏死。

图5-13　荚果感病初期

图5-14　感病荚果横切面

2. 病原　国外已报道的可可黑果病病原菌主要为*Phytophthora palmivora*、*P. megakarya*、*P. capsici*和*P. citrophthora*等。2010年10月，刘爱勤等在我国海南首次发现该病危害，从中国热带农业科学院香料饮料研究所栽培的可可园分离得到一个病原菌，根据其形态特征，再结合16SrDNA序列分析，将该病原菌鉴定为柑橘褐腐疫霉（*P. citrophthora*）（图5-15）。

图5-15 病原菌菌落

3.发生与流行规律 此菌在旱季进入休眠状态，能在地面和土中的植物残屑上，留在树上的病果、果柄、花枕、树皮内，地面果壳堆中，或其他荫蔽树的树皮中存活。雨季来临时从这些处所产生孢子囊，为流行提供初侵染菌源。孢子囊主要借雨水溅散传播，昆虫和蜗牛等也能传病。降落在荚果上的孢子囊在雨水中释放出游动孢子，游动孢子萌发形成芽管，病菌借芽管从果表皮气孔穿入果内引起发病。病斑出现2～3天内产孢，又借雨溅散播，开始新一轮的侵染循环。降水量是影响黑果病发生和流行的最重要因子。在海南省万宁兴隆地区，可可黑果病一般从2月开始发病，如遇连续一段阴天小雨后病害迅速扩展，3～4月出现发病高峰；5月以后随着降雨减少，病害逐渐减弱，6～8月出现气温高、雨水较少、短暂干旱，病害停止发展；8月上旬又开始发生，9～10月降水量增大发病率急剧上升，病害流行，至10月底至11

月中旬可可树上同时出现开花、结小果及成熟果现象，且连续出现降雨天气，气温均在20～30℃，这段时间可可黑果病相对严重，病株率10%左右，病害达全年的最高峰；11月底后病害开始减弱，12月上旬至翌年1月基本不发病。在持续高湿的地区黑果病特别严重，小果期连续降雨且出现20～27℃的气温是该病发生的主要条件。

4. 防治方法

（1）农业防治　栽培时株行距不可过密，荫蔽树要适度，定期修剪避免过分荫蔽，并定期控荫、除草，以降低果园湿度。及时清除病果、病叶、病梢和园内枯枝落叶，集中烧毁。栽培抗病耐病品种，如Amelonade品种抗黑果病，但易感肿枝病，使用时要注意。其他抗（耐）病品种还有Catongo、Lafi 7、Sic 8和SNK12等。Amazon类型品种抗肿枝病，但易感疫霉溃疡病。

（2）化学防治　雨季开始发病时，定期喷施1%波尔多液或68%精甲霜·锰锌500倍液或50%烯酰吗啉500倍液，整株喷药，10～15天喷1次，直到雨季结束。切除茎干溃疡病皮，用铜剂或三乙膦酸铝消毒病灶和用煤焦油涂封。

五、橡胶病害

（一）橡胶白粉病

1. 危害症状　嫩叶感病初期出现辐射状白色透明的病斑，病斑多数为圆形，以后病斑上出现白粉。病害严重时，病叶布满白粉，叶片皱缩畸形，最后脱落。

2. 防治方法　一般用背负喷粉机喷散硫黄粉防治，每公顷每次用药9～12千克。在晚上10时至翌晨8时气流平稳、叶片潮湿时喷药效果较好，有效喷施距离30米左右。病害严重时可适当加大施药量。

（二）橡胶炭疽病

1. 危害症状　嫩叶感病后出现形状不规则、暗绿色的水渍状病斑，严重时叶片皱缩干枯，很快脱落。嫩梢、叶柄感病后，出现黑色下陷小点或黑色条斑。嫩梢有时会爆皮流胶，顶芽枯死呈鼠尾状。

2. 防治方法　可根据测报开展大田防治。从30%抽叶开始，根据气象预报，如未来10天内有连续3天以上的降雨或大雾天气，要在低温阴雨天来临前喷药防治；喷药后第5天开始，若预报还有上述天气，而预测橡胶物候仍为嫩叶期，则应在喷药后7～10天内喷第2次药。可选用0.5%百菌清加多菌灵混合水剂。研究表明，28%复方多菌灵胶悬剂，每公顷每次630克，对水75升喷雾，对此病有良好的防治效果。

六、槟榔病害

据记载，由病原生物和非生物因子引起的槟榔病害共有40多种，其中黄化病给槟榔生产带来了严重的损失。槟榔黄化病是目前我国槟榔生产上的最重要病害。

槟榔黄化病

1. 分布与危害　槟榔黄化病可缓慢引起槟榔产量降低，最终绝产，导致植株死亡，是槟榔的毁灭性病害。该病于20世纪80年代初最早出现于我国海南屯昌，1985年后在屯昌、万宁等地大量暴发，目前该病已蔓延至海南省琼海、万宁、陵水、琼中、三亚、乐东、保亭等市（县）。一般槟榔园的发病率为10%～30%，重病区发病率高达90%左右，造成减产70%～80%，甚至绝产。由于至今未发现有效的防治药剂，只能采取砍除烧毁的方式来处理病株，因此大面积发病的槟榔园必须砍伐。

2. 危害症状　我国海南的槟榔黄化病表现为黄化型和束顶型两种症状。黄化型黄化病在发病初期，植株下层2～3片叶叶尖部分首先出现黄化，花穗短小，无法正常展开，结有少量变黑的果实，不能食用，常提前脱落。随后黄化症状逐年加重，逐步发展到整株叶片黄化，干旱季节黄化症状更为明显（图5-16）。整株叶片无法正常展开，腋芽水渍状，暗黑色，基部有浅褐色夹心。感病植株常在顶部叶片变黄1年后枯死，大部分感病株开始表现黄化症状后5～7年内枯顶死亡。束顶型槟榔黄化病的病株树冠顶部叶片明显变小，萎缩呈束顶状，节间缩短，花穗枯萎不能结果（图5-17），叶片硬而短，部分叶片皱缩畸形，大部分感病株出现症状后5年内枯顶死亡（图5-18），致使大量槟榔遭到砍伐。

图5-16　整园感染槟榔黄化病

图5-17　束顶型症状

图5-18 顶梢枯死

3.病原 1971年Nayar等从病叶组织中培养出一种类似类菌原体（mycoplasma like organism，MLO）的病原体，随后他们通过电子显微镜证实，在患有槟榔黄化病的病组织中存在着MLO，这与之前报道的椰子致死性黄化病植原体形态相似，而在健康样品中则没有发现，从而认为植原体（*Phytoplasma* sp.）是槟榔黄化病的病原。同时，用四环素氢氯化物处理病株可使症状暂时消除，但用青霉素和蒸馏水处理则会使症状加重，这都进一步证明槟榔黄化病是由植原体引起的。我国研究者通过进一步研究，目前将病原划分到翠菊黄化植原体组。

4.发生与流行规律 印度研究结果表明，受害植株表现出一定程度的解剖学变化，疏导组织堵塞坏死，叶片、花序、果实、根、茎细胞表现出瓦解症状。栅栏组织堵塞并有色素沉淀现象，根的韧皮部导管增生。该病可侵害槟榔的各龄植株，幼苗及成龄期均可受害，可通过长翅蜡蝉和菟丝子进行传播。

5.病害综合治理

（1）减少初侵染源　槟榔黄化病的早期侵害具有隐蔽性的特点，往往没有引起足够的重视，并且极易与栽培不当引起的黄化症状相混淆，导致病害的扩展蔓延。据报道，我国海南槟榔黄化病在槟榔园内存在明显的发病中心，因此一旦确诊发生槟榔黄化病且植株不再具有结果能力，应当及时砍除并烧毁。

（2）切断传播途径　在槟榔抽生新叶期间，应及时喷施氰戊菊酯、溴氰菊酯等农药杀灭潜在的媒介昆虫，延缓病害蔓延；另外，应加强检疫，不从槟榔黄化病严重发生的地区引进种苗。

（3）提高植株的抗耐病能力　多施磷肥可以延迟黄化病的发生并显著提高产量。在施氮、磷、钾肥的同时辅施锌、硼和镁肥，也可减少病害发生；叶面喷施镁和硼可以减轻黄化症状。土壤施用氮磷钾肥、石灰和硫酸锌可显著缓解叶部黄化症状。虽然槟榔黄化病目前无法治愈，但通过营养改良试验可提高患病槟榔园的产量。

七、椰子病害

全世界椰子病害有40多种，其中灰斑病是我国椰子种植区常发性病害。

椰子灰斑病

1.危害症状　受害叶片布满斑点，影响光合作用，重病时干枯、凋萎、提早脱落。苗期或幼树期染病植株长势衰弱，严重时导致整株死亡，影响成龄树开花、结果，导致减产。该病主要发生在较老的下层叶片或外轮叶片上，嫩叶较少发病。最初在小叶上出现黄色小斑，外围有灰色条带，然后逐渐扩大，沿小叶的长轴方向发展较快，病斑中央逐渐变成灰白色，边缘暗褐色，外有黄色晕圈，病斑中心易破裂。病斑扩大后，连成不规则的大灰色坏死斑，严重时叶尖和叶缘干枯卷缩，病斑上散生有黑色小粒状病原菌分生孢子盘。

2. 病原　椰子灰斑病的病原为半知菌类，腔孢纲，黑盘菌目的拟盘多毛孢菌（*Pestalotiopsis palmarum*）。

3. 发生与流行规律　椰子灰斑病全年均可发生，高湿条件有利病害发生，管理粗放、树势弱的椰园发病重。病原以菌丝体和分生孢子盘在病叶、病落叶残体上越冬，翌年产生分生孢子，借风雨传播。偏施氮肥加重病情。

4. 防治方法

（1）农业防治　加强栽培管理，育苗期避免过度拥挤和给予适当荫蔽；椰子种植密度一般每公顷165～210株；宜增施钾肥，不偏施氮肥；清除病叶集中烧毁。

（2）化学防治　发病初期选用50%克菌丹可湿性粉剂500倍液，或80%代森锰锌可湿性粉剂500～800倍液等药剂喷洒叶片，每隔7～14天喷施1次，连续喷施2～3次可以有效防治此病。发病严重时，先把病叶清除干净，再喷施以上药剂。

第二节　主要害虫及防治

一、香草兰害虫

香草兰拟小黄卷蛾

1. 分类地位　香草兰拟小黄卷蛾（*Tortricidae* sp.），属鳞翅目，卷蛾科。

2. 形态特征

卵：椭圆形，常排列成鱼鳞状块，初淡黄渐变深黄，孵化前黑色。

幼虫：老熟幼虫体长10～12毫米，体色多为淡黄至黄绿色，头部、前胸盾、胸足均为褐色至黑褐色（图5-19）。

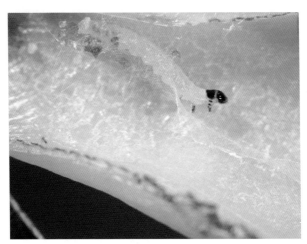

图5-19　香草兰拟小黄卷蛾幼虫

　　蛹：纺锤形，长6～8毫米，宽2～2.5毫米，黄褐色（图5-20）。

图5-20　香草兰拟小黄卷蛾蛹

成虫：体长7～9毫米，翅展15毫米，头胸部暗褐色，腹部灰褐色；前翅长而宽，呈长方形，合起呈钟状；后翅浅褐至灰褐色（图5-21）。

图5-21　香草兰拟小黄卷蛾成虫

3. 危害特征及发生规律　拟小黄卷蛾以低龄幼虫钻入香草兰生长点及其未展开的叶片间危害；高龄幼虫在花序、嫩梢上结网危害（图5-22，图5-23）。嫩梢受害后不能正常生长，有些甚至枯死。该虫还可携带软腐病病菌，传播软腐病，加剧了危害的严重性。1个嫩梢仅1头虫危害，1头幼虫一般可危害3～5个嫩梢。该虫1年中危害分为4个阶段。第1阶段为6月上旬至7月下旬，虫口数量呈下降趋势；第2阶段为8月，看不到幼虫，处于越夏阶段；第3阶段为9月上旬至12月上旬，幼虫经越夏后开始回升，在10月中旬和11月中旬各达到一次高峰，11月下旬虫口开始下降；第4阶段为12月中旬至翌年5月下旬，虫口再次开始回升，并在翌年的1月上旬、2月中旬、4月中旬和5月下旬各出现一次高峰。

图5-22 花序受害症状

图5-23 嫩梢受害症状

4. 防治方法

（1）农业防治　一是加强栽培管理和田间巡查，发现被害嫩梢及时处理；二是不要在种植园四周栽种甘薯、铁刀木、变叶木等寄主植物，杜绝害虫从这些寄主植物传到园内。

（2）化学防治　每年9月中旬和12月中旬，虫口数量较多时，可喷施农药防治。选用4.5%高效氯氰菊酯乳油1 000 ~ 2 000倍液或1.8%阿维菌素乳油1 000 ~ 2 000倍液喷洒嫩梢、花及幼果荚，每隔7 ~ 10天喷药1次，连喷2 ~ 3次。1月下旬或2月上旬，根据虫口发生数量，可再进行1次防治。

二、胡椒害虫

危害胡椒的害虫较少，这里不作具体介绍。

三、咖啡害虫

据报道，全世界危害咖啡的害虫有800多种，咖啡黑小蠹、根粉蚧等是栽培中较为严重的两种害虫，主要分布于我国海南。

（一）咖啡黑小蠹

1. 分类地位　咖啡黑小蠹（*Xyleborus morstatti*）又名咖啡黑枝小蠹，属鞘翅目，小蠹科。

2. 形态特征

卵：长0.5毫米，宽0.3毫米，初产时白色透明，后渐变成米黄色，椭圆形，将近孵化时表面出现凹凸不平。

幼虫：老熟幼虫体长1.3毫米，宽0.5毫米，全身乳白色，胸足退化呈肉瘤状凸起。

蛹：白色，裸蛹，雌蛹体长2.0毫米、宽0.87毫米，雄蛹体长1.25毫米、宽0.62毫米。

成虫：雌虫体长1.5 ~ 1.8毫米，宽0.7 ~ 0.8毫米，粗壮，长椭圆形，刚羽化时为棕色，后渐变为黑色，微具光泽。触角短锤状，褐色，被灰白色短绒毛，锤状部圆球形。前胸近球形，背板显著突出，前缘具同心圆排列的小突起。鞘翅上具较细的刻点，刻点间具刚毛，刚毛较长而稀少。前足胫节有距4个，中后足胫节分别有距7个、9个。雄虫体型较小，长1.0 ~ 1.2毫米，宽0.45 ~ 0.65毫米，红棕色，椭圆形，略扁平，前胸背板后部

凹陷，鞘翅上具较细的刻点，刻点间具刚毛，刚毛较长而稀少
（图5-24）。

图5-24　咖啡黑小蠹幼虫及成虫

3. 危害特征及发生规律　该虫以雌成虫钻蛀咖啡枝条及嫩干，约15天后受害枝条叶片干枯，进而导致整枝干枯或被果实压折，严重影响当年果实产量（图5-25）。

图5-25　咖啡黑小蠹危害症状

田间种群数量通常在3月上旬开始剧增，3月中下旬为高峰期，7～10月田间虫口极少，11月以后逐渐有虫口及虫枯枝出现。雌成虫交配后在旧洞附近枝条上不断咬破寄主表皮，待选择到适宜处便蛀入枝条木质部中心，然后纵向钻蛀，产卵于隧道内。

4. 防治方法

（1）农业防治　一是培育健壮种苗。从生长健壮的中粒种咖啡植株上采摘红色果实，进行种子育苗，或从优良品种母树上剪取健壮直生枝，进行芽接或扦插育苗；二是加强田间栽培管理。改良土壤，适当施用磷、钾肥，增施有机肥，加强浇水、覆盖、除草、修剪等田间管理，提高植株抗虫性；三是清除虫枝。每年12月至翌年2月及时清除受害枝条并于园外处理，减少虫源基数。

（2）化学防治　在成虫飞出洞外活动高峰期，用2.5%溴氰菊酯或48%乐斯本1 000倍液喷雾，杀死洞外成虫。

（二）咖啡根粉蚧

1. 分类地位　咖啡根粉蚧（*Pseudococcus lilacinus*）又名可可刺粉蚧，属同翅目，粉蚧科。

2. 形态特征

卵：椭圆形，紫色，常聚集成堆，外被白色蜡粉。

若虫：初孵时为紫红色，外形与雌成虫相似，背面扁平，无蜡粉，以后随虫龄发育蜡粉增加，体边缘的蜡毛随虫龄增加而明显突出。

成虫：雌虫体长2.5～3.5毫米，宽1.2～1.5毫米，椭圆形，背面隆起，体紫色，背面被白色蜡粉。体边缘有短而粗钝的蜡毛17对，自头部至尾端越向后越长。触角丝状，淡黄色，共8节。胸足发达，淡黄色，能自由行动。体腹面腺堆共18对。雄虫体长1.0～1.3毫米，宽0.3～0.38毫米，呈榄核形，黄褐色。触角丝状，10节，尾端有1对长蜡毛。

3. 危害特征及发生规律　该虫主要侵害咖啡根部，以若虫和成虫寄生在根部吸食植株汁液，常在根部周围布满白色绵状物。初期先在根颈以下2～3厘米深处侵害，以后逐渐蔓延至主根、侧根进而遍布整个根系，吸食其汁液。常和一种真菌共生，侵害后期菌丝体在根部外结成一串串灰褐色瘤疱，将介壳虫包裹其中，借以掩饰而大肆繁衍，严重消耗植株养料，使植株早衰，叶黄枝枯，最后因根部发黑腐烂，整株凋萎枯死（图5-26）。以若虫在土壤湿润的寄主根部越冬，翌春3～4月为第1代成虫盛期，6～7月为第2代成虫盛期。

图5-26　咖啡根粉蚧危害症状

4. 防治方法

（1）农业防治　严格检疫，不种植带虫咖啡苗；加强田间管理，避免土壤过分干旱，园内随时保持清洁，清除杂草，减少蚂蚁数量；做好园地周边寄主植物根粉蚧的防治，消灭虫源。

（2）化学防治 在植株定植时，用2.5%功夫乳油800倍液或亩旺特240克/升悬浮剂3 000倍液喷施幼苗根部；危害严重时用48%乐斯本乳油1 000倍液或40%辛硫磷500倍液灌根，每株药液用量500毫升。

四、可可害虫

据报道，全世界危害可可的害虫有1 300多种，其中盲蝽类为摧毁性害虫，可可主产国加纳受其危害年损失量可至总产量的25%，尼日利亚损失更高达总产量的30%。在我国危害可可的主要害虫是可可盲蝽，分布于海南和云南。

可可盲蝽

1. 分类地位 可可盲蝽（*Helopeltis fasciaticollis*），又名台湾角盲蝽、台湾刺盲蝽，属半翅目（Diptera）盲蝽科（Miridae）角盲蝽属（*Helopeltis*），是热带地区的一种重要害虫。目前已知在全世界危害经济作物约30多种。

2. 形态特征

卵：长圆筒形，中间略弯曲，末端钝圆，前端稍扁。初产时乳白色，中期浅黄色，后期黄褐色。卵盖两侧附有长短不等的两根丝状的呼吸突，长的一条0.6毫米，短的一条0.2毫米（图5-27）。

图5-27 可可盲蝽卵

若虫：1龄若虫体长1.2毫米，体宽0.3毫米，长形；体红色；复眼红色；除触角第1节外，虫体其他各部均着生褐色毛。2龄若虫体长2.0毫米，体宽0.4毫米；体色红略带土黄；复眼红色；第1触角节明显粗于其余3节；小盾片角圆锥形。3龄若虫体长2.8毫米，宽0.7毫米，全体红色带土黄；复眼红褐色；翅芽明显；小盾片角顶部出现圆球状结构。4龄若虫体长3.5毫米，体宽1.4毫米；全体土黄色带红；复眼黑褐色；第1、2触角节基部具散生的黑色斑纹；翅芽灰色，伸至第1腹节背面；小盾片角完整。5龄若虫体长5.1毫米，体宽1.4毫米，长形；全体土黄色稍带红；复眼黑色；触角上具散生的黑色斑，第3及第4触角节上部具黑褐色毛；喙的端部黑色，伸达前胸腹面；翅芽发达，伸至第3腹节背面，其基部及端部呈灰黑色；小盾片角完整；腿节上具灰色斑，跗节黑色（图5-28）。

图5-28　可可盲蝽若虫

成虫：体长6.2～7.0毫米，宽1.3～1.5毫米。虫体暗褐色，头部暗褐色或黑褐色，唇基端部淡色；复眼球形，向两侧突出，黑褐色，复眼下方及颈部侧方靠近前胸背板领部前方的斑淡色，复眼前下方有时淡色；触角细长，约为体长的2倍；第1节基部略呈淡黄褐色；第2节上的毛较长。雄性前胸背板有时淡褐色略带橙色，接近于红色；雌性前胸背板褐色带橙色，接近红色。中胸小盾片中央具有一细长的杆状突起，突起的末端较膨大；小盾片后缘圆形，其前部有一稍向后弯、顶部呈小圆球状的小盾片角，圆球状部有细毛；小盾片褐色，带橙色至暗褐色，小盾片突起褐至暗褐色，少数个体突起的基部淡黄色。翅淡灰色，具虹彩；革片及爪片透明、灰或灰褐色，有时带暗褐色，革片与爪片基部略呈白色，缘片、翅脉及革片的端部内侧及楔片暗褐色。足土黄色，其上散生许多黑色斑点，腿节大部分褐或暗褐色，基部色淡，雌性足色深。腹部暗褐带土黄或绿色（图5-29）。

图5-29　可可盲蝽成虫

3.危害特征及发生规律　可可盲蝽成、若虫以刺吸式口器刺食组织汁液，侵害可可的嫩梢、花枝及果实。嫩梢、花枝被害后呈现多角形或梭形水渍状斑，斑点坏死、枝条干枯；幼果被害后呈现圆形下凹水渍状斑并逐渐变成黑点，最后皱缩、干枯；较大果实被害后果壁上产生许多疮痂，影响外观及品质（图5-30）。被害斑经过1天后即变成黑色，随后呈干枯状，最后被害斑连在一起使整枝嫩梢、花枝、整张叶片、整个果实干枯，造成被害严重的种植园外观似火烧景象，颗粒无收。

图5-30　果实受害症状

可可盲蝽在海南无越冬现象，终年可见其发生。在海南每年发生10～12代，且世代重叠。每代需时38～76天，其中成虫寿命为11～65天，卵期5～10天，若虫期9～25天，雌虫产卵前期5～8天，产卵期为8～45天，平均20天。每头雌虫一生最多产卵139粒，最少产卵32粒。卵散产于可可果荚、嫩枝、嫩叶表皮组织下，也有3～5粒产在一处的。刚孵化的若虫将触角及足伸展正常以后，不断爬行活动，在这段时间里只作试探性取食，经过45分钟后开始正式取食。成虫和若虫主要取食1芽3叶的幼嫩枝叶和嫩果，老化叶片、枝条及果实不侵害。取食时间主要在下午2时后至第二天上午9时前，每头虫1天可侵害2～3个嫩梢或嫩果，10头3龄若虫1天取食斑平均为79个。此虫惧光性明显，白天阳光直接照射时，虫体转移到林中下层叶片背面，但阴雨天同样取食。

该虫发生与气候、荫蔽度及栽培管理有关。在海南南部主要可可种植区，每年发生高峰期在3～4月，因这时气温适宜，雨水较多，田间湿度大，适逢可可树大量抽梢和结小果，所以危害严重；6～8月高温干旱，日照强，果实已老化成熟，嫩梢减少，食料不足，虫口密度显著下降；9～10月后台风雨和暴雨频繁，因受雨水冲刷，影响取食和产卵，虫口密度较低，危害较小。栽培管理不当，园中杂草灌木多，荫蔽度大，虫害发生严重。

4.防治方法　可可盲蝽发生盛期，用2.5%高渗吡虫啉乳油2 000倍液，或48%毒死蜱乳油3 000倍液进行喷雾防治。

危害可可的害虫除盲蝽外，在我国常见的种类尚有侵害可可嫩梢及幼果的蚜虫、粉蚧以及侵害叶片的毒蛾类，这些害虫目前发生量不大。

五、橡胶害虫

(一)橡胶六点始叶螨

1.危害症状　幼螨、若螨和成螨以口器刺破叶肉组织，使成为细小的黄白色斑点，影响光合作用，甚至全叶发黄脱落，枝条枯死。

2.防治方法　20%三氯杀螨矾800～1 000倍液或5%尼索朗乳剂药液喷杀。

(二)小蠹虫

1.危害症状　成虫横向钻蛀树干，先在树皮下和木质部蛀成蛀入道，其内充满虫粪和木屑。

2.防治方法　及时处理因风、寒、病或其他原因造成的橡胶树坏死组织或裸露木质部，用25％杀虫脒250倍液喷雾，然后涂上沥青。若蠹虫已蛀入木质部，则用马拉硫磷200倍液喷雾。

六、槟榔害虫

红脉穗螟

红脉穗螟（*Tirathaba rufivena*）为鳞翅目（Lepidoptera）螟蛾科（Pyralidae）昆虫。

1. 危害症状　　幼虫食害槟榔的花穗、果实及心叶及嫩叶组织，花穗受害最为严重。幼虫在未展的花穗上取食，并分泌丝，将粪便、食物残渣和花缀成簇，加上其排泄物筑成隧道，藏匿其中，嚼食花穗，使花穗不能正常开放，致使未能展开的花穗枯死，受害较轻的花穗仍可展开，能开花结果，但果实容易脱落。

在盛果期，幼果和中等果也容易受幼虫侵害，蛀食果实内的种子和部分内果皮，一般受害果实内有1～2头幼虫，幼虫也会啃食外表皮，造成流胶或形成木栓化硬皮，影响果实品质。幼虫钻食叶及生长点，可造成植株死亡，死亡率5％左右。

2. 防治方法

（1）田间监测　　及时清除被红脉穗螟幼虫侵害的花穗和被蛀果实，对抑制该虫的发生有一定作用。

（2）加强农业管理　　合理养分管理和灌溉，增强树势，提高树体抵抗力。科学修剪，剪除病残花序，改善通风透光条件。此外，从槟榔开花至收果前，定期检查槟榔园，注意捡拾落地虫果及树上严重被害的虫穗并将其深埋处理；冬季结合清园，集中烧毁或堆埋园内枯叶、枯花、落果，减少来年的虫源。

（3）化学防治　　于春季槟榔第一批花个别开放时，施用内吸性杀虫剂，可控制整个花期和幼果期虫害于经济阈值以下。如与氮磷钾肥混施，不仅有治虫效果，还可使槟榔产量增加。在槟榔剑叶（心叶）被害时和槟榔红脉穗螟幼虫发生高峰期，用苏云金杆菌乳剂稀释100倍加3%苦楝油液喷雾，或苏云金杆菌乳剂100倍加氯氰菊酯10毫克/千克液喷雾。

七、椰子害虫

世界上有报道的椰子害虫有750多种，海南有40多种，主要害虫是椰心叶甲、红棕象甲、二疣犀甲、红脉穗螟和椰园蚧等。表5-1介绍了几种对椰子危害比较严重的害虫及其防治方法。

表5-1　椰子主要害虫防治方法

防治对象	危害部位	防治方法	药剂稀释倍数	施用频率（施用时期）	使用方法
椰心叶甲	心叶	辛硫磷	—	发病期	喷雾
		高效氯氰菊酯	—		喷雾
		绿僵菌 椰甲截脉姬小蜂 椰心叶甲啮小蜂			生物防治
二疣犀甲	心叶叶柄	绿僵菌	在产卵场所释放混病原菌腐殖质	雨季	生物防治
		甲敌粉与泥沙1∶20混合	750克/（公顷·次）	定植后	撒施
椰园蚧	叶片嫩果	50%辛硫磷乳油或25%扑虱灵可湿性粉剂	1 000倍	若虫盛孵末期	喷雾

第六章
果实收获与初加工

下面主要介绍复合栽培下热带香料饮料作物果实的收获与初加工，关于前面所述热带经济林及其他主要热带作物的收获与加工技术请参考《热带作物产品加工原理与技术》一书。

第一节 收 获

一、收获标准

（一）香草兰

在我国，香草兰10月下旬至11月上旬鲜荚开始成熟。鲜荚采收标准为生育期（从开花到鲜荚采收的时间）在8个月以上。鲜荚颜色的变化是确定采收的主要依据，鲜荚从深绿色转为浅绿、略微晕黄或果荚末端（0.2 ~ 0.5厘米处）略见微黄时采收最佳（图6-1）。大约每周采收果荚1次，采收时应避免伤及其余未成熟鲜荚。

图6-1 成熟香草兰豆荚

（二）胡椒

胡椒采收前期和中期，每穗果实中有2～4粒果变红时，即可将整穗果实采摘。在采收后期，可在果穗大部分果实变黄时将整穗采摘。

图6-2　达采收标准的胡椒

（三）咖啡

咖啡果实适时进行采收，才可保证产量和质量。采收未成熟或过成熟的果实质量差。巴西经试验发现，未熟果不易脱去果肉且加工后绿色带银皮豆比例最高，过熟果加工后褐豆和黑豆比例最高，只有成熟果加工后的咖啡豆具有良好的饮用质量。未成熟果加工后的咖啡豆虽有60%外观正常，但饮用质量很差。

1. 采果标准　咖啡果实呈红色为成熟的标志，是最适采收期。如达紫红或干黑则为过熟，如果实尚绿或微黄则还未成熟。果实成熟后即可开始分期分批适时采收，采果期采收绿果一般不超过5%（图6-3）。

图6-3 采摘红色的果实

2.收获时期 小粒种的咖啡采收期较集中，果熟期在9月下旬至翌年1月，应随熟随收。中粒种和大粒种的收获期较长，果实成熟后不易脱落，可待较多的果呈红色或紫色时成批采收，果熟期12月中旬至翌年4月下旬。

（四）可可

成龄可可树周年均可开花结果，从授粉成功到果实成熟通常需要150～170天，海南主要收获期为2～4月与9～11月。可可成熟的指标最好以其外果皮颜色变化来判断，当果实呈成熟色泽时，即应采收。绿果成熟时，变成黄色或橙黄色；红果成熟时，则变成淡红色或橙色（图6-4）。成熟的果实均有光泽，摇动时有响声，敲击时发出钝音。如过早采摘，果肉含糖量低，种子不充实，发酵不良；过熟采摘则有干燥的倾向，可能感染病害，也可能发芽，同时发酵很快致使产品质量不一。

虽然变色后就可采收，但果实至少可留在树上1个月都不会受损，所以采收的间隔可以延长1个月。不过，最好是每2周采1次。在易受到哺乳类害虫侵袭的地区，采收的间隔则可以更短一些。

当受到黑荚果病严重侵染时，为了确保果园的卫生，采收的间隔也应该缩短。

图6-4　成熟的可可果实

二、收获方法

（一）香草兰

根据香草兰采收标准，从第一批果荚成熟开始每周采收果荚1～2次，采收时间一般持续2个月左右，采收时应避免伤及其余未成熟鲜荚。鲜荚成熟的顺序一般与开花顺序相一致，即自下而上逐渐成熟。采收的鲜荚，一般当天进行加工，但若采摘量较大，无法当天完成加工，可将鲜荚摊开堆放或置通风阴凉处，切不可置于太阳下暴晒，以免鲜荚开裂影响加工质量。

（二）胡椒

胡椒的果实一般每年收获1次，采收期长达2～3个月，花期集中控制在秋季的地区（如海南），成熟期一般在翌年的5～7月；花期集中控制在春季的地区（如云南），成熟期一般在翌年的1～3月。胡椒果实在果穗上的成熟时间是不一致的，所以采收时应按适宜的成熟度分期分批采收，一般整个采收期采果5～6次，每隔7～10天采收1次。

（三）咖啡

咖啡果实成熟期因当年气温、田间荫蔽条件、水肥管理、树体长势以及品种不同而不同，果实收获期从12月至翌年5月，历时180天。目前国内还不能实现机械化采收，一般采用人工分批采收。采摘时不要损伤枝条和叶片。采收期间也正值咖啡开花期，因而在采收果实的同时应避免损伤花芽，影响下一年度产量。鲜果用干净无异味的袋子或竹箩装。采摘的鲜果不要堆放在阳光下暴晒。专人负责验收鲜果。采摘过程中难免会混入未成熟的绿果，为保证咖啡质量，收获的咖啡果实须经过人工初选，将其中干果、绿果、病果选出，当天采摘的鲜果应及时送到加工厂（图6-5）。

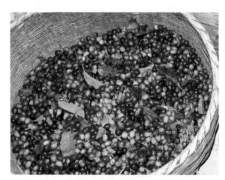

未经分选的咖啡果实

经分选的咖啡果实

图6-5　筛选果实

（四）可可

采果时必须小心地用钩形锋利刀或枝剪刀从果柄处割断，切忌伤及果枕，以免影响次年结果，因为在果实附着点上的潜芽就是翌年生长花芽的部位。此外，可可枝条软且易折，须注意保护，不可上树采果。果实采后一般用刀切开或坚硬器具锤开果实，剖开果壳时应避免伤及种子。

采收后的可可果可以存放2～15天，长时间的储存会加速可可的预发酵，并且使发酵时的温度快速升高。将收获的果实敲破，取出种子准备发酵，只有成熟且发育完好的果实才有好的可可豆（图6-6）。如果果实表面有黑荚果病的病状，但里边的豆没有受到影响可以不用丢弃。果肉的颜色是决定是否丢弃的最好指标，因为，通常受损果实种子表面的果肉已变色。

图6-6　成熟的可可果

第二节 初 加 工

一、香草兰

香草兰果荚的生香加工是否得当，对芳香成分含量、外观、色泽和商品价格有很大影响。其初加工主要包含以下几个步骤。

（一）制止和减弱果荚活力的处理

把鲜豆荚装入竹篮内（网格大小以果荚不脱出为度），置于（65±3）℃的热水中2～3分钟后擦去果荚上的水分，趁热在45℃的恒温箱中保温24小时。

（二）酶促（发酵处理）

把经保温24小时的果荚置于（60±3）℃、相对湿度60%±10%的发酵室，让其发酵5～7天（每天4小时）。至果荚变成深褐色或咖啡色，果表条状皱缩，芳香柔软，含水量在50%～60%。

（三）缓慢干燥处理

在通风良好的室内，把经上述处理后的半成品果荚置于竹帘架或浅盘子进行缓慢阴干，使其慢慢脱水，并经一系列复杂的化学变化过程而产生各种芳香成分。在缓慢阴干期间，一般每2～3天检查并翻动1次果荚，一旦发生霉果立即用酒精擦除，消毒后另行阴干，避免霉菌交叉感染。

（四）成品调理

当阴干后的果荚含水量在35%左右时，即进行成品保存处理，把产品装入有防油纸衬里的容器里密封储藏，促其继续生香。在储存生香过程中，每周完全检查1次，发现霉变及时处理。一般要持续6～8个月。

二、白胡椒

（一）浸泡

1. 流动水浸泡　采摘的胡椒鲜果放入有流动水的胡椒浸泡池中，或者将胡椒鲜果装入胶丝袋或透水性良好的麻袋，置于有流动水的河、沟中，连续浸泡7～10天，至外果皮完全腐化。

2. 静水浸泡　在没有流动水的情况下，也可用静水浸泡，即将采摘的胡椒鲜果直接放入胡椒浸泡池或容器中，加入洁净水（指自来水或未被污染的地表水）至浸过胡椒鲜果。采用静水浸泡须每天换水至少1次，且换水前应把池中原有的水彻底排净，并及时灌入洁净水，连续浸泡7～10天，直到外果皮完全腐化。

（二）脱皮洗涤

胡椒浸泡果采用人工或机械搓揉的方法去皮，然后用洁净水反复冲洗，除去果皮、果梗等杂质，直至洗净为止。人工方法简单易行，但该方法加工耗时多，劳动强度大，工效低，脱皮不干净、洗涤不彻底，加工质量不稳定。机械方法加工速度快、周期短、生产效率高。但机械脱皮过程中易导致胡椒鲜果破碎，从而产生一定的破碎率，同时机械洗涤时也可能会因水流紊乱等原因冲走部分果实，而造成一定的损失。

（三）干燥

将洗净的胡椒湿果摊开在平整、硬实、清洁卫生的晒场上，或清洁卫生、无毒、无异味器具上晒2～3天，或置于（43±5）℃的烘房（箱）中烘24小时左右，至胡椒粒干燥适度，即含水量小于14%。

白胡椒的干燥度一般可用牙咬来判断：将白胡椒粒放入口中，用门牙轻轻咬压椒粒，如咬声清脆，胡椒粒裂成4～5块，表明胡椒粒干燥适度。

（四）筛选

经充分干燥的白胡椒用筛子、风选机等设备，除去缺陷果、黑果及果穗渣等杂质。

（五）分级

将筛选的白胡椒按颗粒大小、色泽、气味及味道等的不同，按要求用人工或分级机进行分级处理。

（六）杀菌

经过分级的白胡椒可采用微波、辐照或远红外线等方式进行杀菌。

（七）包装

经杀菌处理的白胡椒应按不同等级，及时装入相应的包装袋中，包装材料应无毒、清洁，符合食品包装要求；包装场所要求有相应的消毒、更衣、盥洗、采光、照明、通风、防尘、防蝇、防鼠、防虫、洗涤以及处理废水、存放垃圾和废弃物的设备或者设施。

（八）检验

包装好的白胡椒应根据相关操作规程的规定进行抽样检验，合格方可入库。

（九）储存

白胡椒储藏过程中要注意防潮，应储存在通风性能良好、干燥、并具防虫和防鼠设施的库房中，地面要有垫仓板，堆放要整齐，堆间要有适当的通道以利通风。严禁与有毒、有害、有污染和有异味物品混放。

三、黑胡椒

（一）脱粒

脱粒分为人工脱粒和机械脱粒两种。将胡椒鲜果采用人工或者脱粒机进行脱粒，除去果梗，再用人工或者分级机按其颗粒大小进行分级。

（二）干燥

1.日晒干燥法　经脱粒分级的胡椒鲜果摊开在平整、硬实、清洁卫生的晒场上，或清洁卫生、无毒、无异味器具上，晒4～6天，至含水量小于13%即可。用此方法加工黑胡椒成本低、简单易行，一般农户较易接受，但加工过程耗时长，且受天气影响较大，如遇天气不好时，则更易拖延晒干时间，致使黑胡椒更易受微生物感染，颜色暗淡，影响产品质量。

2.人工加热干燥法　脱粒分级后的胡椒鲜果放入电热烘箱或人工加热的干燥房中烘干，温度控制在49～60℃，干燥24小时左右，至含水量小于13%即可。此加工方法时间短、效率高，加工过程中不易感染微生物，加工出来的黑胡椒质量较好，但成本较高，一般农户不易接受。

黑胡椒的干燥度也可用经验判断，方法是：将黑胡椒粒放入口中，用门牙轻轻咬压椒粒，如咬声清脆，胡椒粒裂成4～5块，表明胡椒粒干燥适度。

（三）筛选

经充分干燥的黑胡椒用筛子、风选机等设备，除去缺陷果及枝叶、果穗渣等杂质。

（四）分级

将筛选的黑胡椒按颗粒大小、色泽、气味及味道等的不同，按要求用人工或分级机进行分级处理。

（五）杀菌

经过分级的黑胡椒采用微波、辐照或远红外线等方式进行杀菌。

（六）包装

经杀菌处理的黑胡椒应按不同等级，及时装入相应的包装袋中，包装材料应无毒、清洁，符合食品包装要求；包装场所要求有相应的消毒、更衣、盥洗、采光、照明、通风、防尘、防蝇、防鼠、防虫、洗涤以及处理废水、存放垃圾和废弃物的设备或者设施。

（七）检验

包装好的黑胡椒应根据相关操作规程的规定进行抽样检验，合格方可入库。

（八）储存

黑胡椒储藏过程中要注意防潮，应储存在通风性能良好、干燥、并具防虫和防鼠设施的库房中，地面要有垫仓板，堆放要整齐，堆间要有适当的通道以利通风。严禁与有毒、有害、有污染和有异味物品混放。

黑胡椒的加工也可热水浸泡法，即先将采摘下来的胡椒鲜果穗放入沸水中浸泡1分钟，捞起沥干水，再进行干燥脱粒、筛选、分级、杀菌、包装、储存等工序。此方法一般2～3天即可晒干，加工时间短，产品较清洁卫生，有诱人的黑色表皮，质量也较好。

四、咖啡

（一）干法加工

中粒种咖啡主要采用干法加工。将采收的鲜果直接放在晒场上晒干，视光照与空气湿度需时15～30天，每天翻动3次，晒时避免发霉，晒至果实在摇动时有响声为干，如不需出售，便可放入仓库保存，需要加工时，用脱壳机或石磨脱去果皮和种壳，筛去杂质，分级即成商品豆。用此法加工咖啡豆方法简单，设备费用相对较低，工厂的加工人员不需专门训练。但因晒干时间较长，容易受不良天气影响，咖啡豆粒容易发霉，影响品质，与湿法生产的咖啡豆相比，质量较差。

（二）湿法加工

小粒种咖啡适合湿法加工。先将咖啡豆的果皮脱去，经过发酵脱胶，用水冲洗净咖啡豆表面，再干燥至咖啡豆含水率低于12%，脱壳分级，成为商品豆。又分为普通湿法加工和机械湿法加工。咖啡湿法加工工艺流程为：鲜果→浮选→脱皮→发酵脱胶→洗涤→干燥→脱壳→风选→分级→成品（图6-7）。

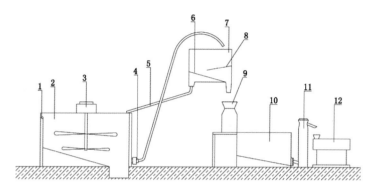

图6-7　咖啡湿法加工工艺流程示意
(引自陈剑豪，1996)
1.溢流槽　2.浮选池　3.搅拌机　4.物料泵　5.回水管　6.滤水板
7.输果集水箱　8.滑板　9.脱皮机　10.发酵池　11.螺旋蛟龙提升机　12.脱胶机

1. 浮选　咖啡采摘后倒入放满水的水池中，按不同成熟度咖啡鲜果的密度不同进行浮选，也可用虹吸浮选池进行快速清洗，随着水面上升，鲜果上浮，泥土等杂质下沉，达到虹吸管口时，鲜果与水自动排出，浮选时冲洗水的流速要快，流量要小，沉积的泥沙要定时排除。

2. 脱皮　咖啡果实应于采摘当天进行脱皮，否则果实易由红色变成褐色，易使咖啡豆在果皮内发酵，导致成品豆变酸，影响成品豆质量，而且过熟果实缺乏果胶，造成脱皮困难。根据咖啡鲜果的特殊构造，利用滚筒上齿板的凸轮，以一定的转速抓取鲜果果肉，利用果胶做润滑剂，使豆粒顺着具有一定包角的凹板出豆槽向下滑出，而被抓取的果肉在旋转滚筒离心力作用下向后抛出。工作时，滚筒齿板与凹板的间隙调整到仅能容许果皮通过而豆粒只能从凹板槽滑出的程度，从而达到一次能完成对咖啡鲜果的脱皮并使皮、豆分离的目的（图6-8）。

图6-8　咖啡脱皮设备

3. 发酵脱胶　脱皮后的咖啡豆表面有黏液状的果胶物质，这种物质是由糖、酶、原果胶质等组成的化学物质。这些残留的胶质会给微生物的生长提供有利媒介，将导致咖啡品质降低，而且影响咖啡豆的干燥，须将其彻底去除，可通过自然发酵、水洗或一定浓度的碱液处理等方式或者采用脱胶洗涤机去除。

目前生产上常用的方法为水浸泡发酵脱胶。发酵在发酵池（缸、槽）中进行，发酵时间取决于咖啡豆的品种、数量、鲜果成熟度、气温等因素。一般情况下，小粒种咖啡脱胶在温度20℃左右，20～24小时即可。低于此温度，发酵时间可延长一些，一般为24～36小时。中粒种脱胶的时间则稍长些，一般为36～48小时。在发酵脱胶过程中，应注意以下几点。

（1）发酵时应避免出现发酵过度或发酵不完全现象。发酵过度会导致咖啡豆表面变黄且出现异味，发酵不完全会使咖啡内果皮带有黏液给微生物生长提供有利媒介，致使咖啡出现异味。

（2）用水要清洁。

（3）发酵池要清洗干净，避免混入杂物或旧豆。

（4）发酵期间要翻动2～3次。

（5）用碱液处理时，要注意控制碱液浓度。

（6）温度控制要得当。

（7）在对低海拔地区的咖啡进行发酵时一定要严格控制发酵时间，发酵时间过长会使咖啡豆出现二次发酵的现象，进而影响咖啡豆的品质。

总之，若发酵正确，则黏液容易脱去，清洗后内果皮不粘手，咖啡品质能得到保证。

4. 洗涤　豆粒发酵完成后，先放干发酵废水，再放入清水，初步洗去豆粒表面的果胶和残渣，排出废水再放入清水，人工充分搅拌揉搓，排干废水后，再放入清水1～2次，将豆粒漂洗干净，并去除浮选出的漂浮豆（图6-9）。洗净的咖啡豆置于清水池中浸泡6～12小时，可改善豆粒外观。

图6-9　清洗咖啡豆

5. 干燥　　经清洗的咖啡带壳豆沥干水后其含水量在50%以上，干燥是咖啡初加工不可缺少的工序，其目的是将水分降低至12%左右，防止有害微生物生长，保障咖啡品质，减少储运损耗，延长存放周期。咖啡干燥的方法有阳光干燥和机械干燥2种。

（1）阳光干燥　是生产上最常用的方法，即将湿咖啡豆均匀摊放在晒场上直接晒干，间隔一段时间翻动，干燥周期7天左右（图6-10）。此法受气候的影响大。阳光干燥时必须注意以下事项。

图6-10　日晒咖啡豆

①如果脱胶后的咖啡豆仍较潮湿，必须将其铺成小于5厘米厚的薄层。

②在干燥过程中，要避免咖啡豆被雨水或露水淋湿。

③在干燥过程中，应每天翻动咖啡豆几次，以加快干燥速度且使咖啡干燥均匀。

④不够干燥的咖啡豆必须保存在湿度小、通风宽敞的地方。

⑤在表皮干燥阶段，咖啡容易变酸或出现异味，因此应尽量缩短此阶段时间，尽快将含水量降至45%以下。

⑥表皮水分干后，应每晚把咖啡豆堆起来并加以遮盖，以助于其水分分布均匀。

⑦干燥度不同的咖啡豆应分开堆放。

（2）机械干燥 此法采用的是独立鼓式旋转干燥机，每次可干燥湿豆1～12吨。该装置具有2个独立的热交换器，分别对应两个容积相等的干燥室，可以为这两半分隔后的转鼓提供不同流量和温度的热气来干燥不同的咖啡到不同的含水量，能通过燃烧咖啡糠壳、煤等来提供热风，解决阴雨天气咖啡豆的干燥问题（图6-11）。

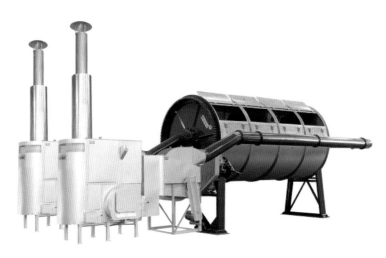

图6-11 咖啡烘干设备

6. 脱壳、风选、分级 干燥后的带壳豆粒用机器脱去种壳，此工序极易造成碎豆或划痕豆，因此要适时调节好进料量及碾辊与固定刀架的间隙。风选是除种壳，一般由手动或电动风车完成。然后根据销售要求，经重力筛分，电子色选除去石块、杂物及缺陷豆，分等级用麻袋包装，每袋60千克，就可作为商品咖啡豆出售（图6-12）。

图6-12　脱壳分级生产线

7. 储藏　干燥后应将咖啡豆装于干净麻袋中，并置于通风良好的储藏室内。咖啡豆利用麻袋盛装储藏的优点是经久耐用、抽样后容易封口。在储藏的过程中，咖啡的水分含量、色泽、游离脂肪酸含量和咖啡酸度都会发生变化，因此为了保证咖啡豆的品质，储藏时间不宜太长。储藏的难题之一是豆粒脱色。这是影响咖啡品质的一个重要因素。脱色发生在豆粒不同位置，分布于整个豆粒表面，可显著降低咖啡豆的商品价值。发生脱色的一个主要原因是空气湿度，空气湿度越大，咖啡豆脱色越快；而另一个原因是机械加工造成的损伤，机械损伤导致细胞膜破裂、细胞解体，从而加速豆粒脱色，引起质量下降。因此，咖啡豆除尽量避免机械损伤外，储藏期间还应合理控制空气湿度。

五、可可

可可初加工是指商品可可豆的加工，包括发酵、洗涤、干燥和储藏（图6-13）。

图6-13　可可初加工厂

（一）发酵

被一层糖衣果肉包裹着的生可可豆叫做"湿豆"，而被称作"nib"的可可果仁则是整个可可豆最有经济价值的部分。生果仁不具有任何味道、香气，尝起来也没有任何可可产品的味道，不适宜加工成各种食品。可可豆的巧克力风味是在发酵与焙炒这两个步骤中通过微生物、霉菌的共同作用以及烘焙中发生的梅拉德反应形成的。不同品种和产地的可可豆也可以进行部分发酵或者根据需要不进行发酵，通常这些可可豆主要用于加工生产可可脂。如果需要加工成其他可可制品，这类可可豆一般与完全发酵的可可豆进行混合使用。如果可可豆不经发酵，这样的可可豆干燥后呈石板色，比棕色或者紫棕色的发酵可可豆颜色要灰白许多。如果采用这类可可豆加工巧克力，苦涩味为主要风味，缺乏明显的巧克力香气，而且外表呈现灰棕色。

可可发酵的过程比较简单，通常就是将大量的湿豆堆放在一起或集中在箱子中进行，发酵时间4～6天。主要影响因素包括品种、发酵方式、发酵温度和湿度等。可可果壳剖开后，环境存在

177

的酵母和细菌进入可可豆表面，发酵过程中分解湿豆表皮果肉中的糖和胶质等物质，最后发酵产物等以液体形式流出。大多数的发酵方式，通常都需要隔天进行搅拌。发酵其中之一的结果就是使豆外围的果肉脱落，但是更重要的是在发酵过程中所产生的一系列必要的生化反应。

1. 发酵方式　　发酵方式及其时间的长短很大程度上取决于可可的品种以及发酵的季节。与 Forastero 可可相比，Criollo 可可的发酵时间通常要短一些，Forastero 豆发酵5～6天，而 Criollo 豆发酵2～4天。季节主要是通过温度和湿度影响发酵的时间，在低温高湿的条件下，发酵的时间通常会更长一些。在各生产国采用的众多发酵方式当中，堆积发酵法、盘子发酵法和箱子发酵法被认为是标准的发酵方法，且被广泛应用。

（1）堆积发酵法　　这种可可豆的发酵方式在西非国家非常盛行。方法是将不少于50千克的湿豆堆放在覆有香蕉叶的地上，香蕉叶底下要垫上几根棍子，使其与地面保持一定的距离，好让发汗液流出。先将叶子铺开，再把湿豆放上去，并在叶上放几块木块以免叶子移动。将湿豆覆盖上香蕉叶的目的是为了保留发酵堆在发酵期间所生产的热气。一般到第3天及第5天时，将木棍拆开，并搅拌湿豆。整个发酵过程需要大约6天，第7天将豆取出准备干燥。当湿豆堆放起来后，发汗液开始流出，而且在接下来的2天时间里继续流出。第3天，湿豆表面大约10厘米以下的果肉颜色发生变化，而大多数湿豆里仍然保留着原本的乳白色。这种颜色的变化表示乙酸开始形成，但这只是仅限于通风足够的表层而已。在第3天及第5天的搅拌后，表皮果肉几乎完全脱落的湿豆与那些还有很多果肉吸附在上面的湿豆混合继续发酵。通风也会加速发酵堆深层豆的发酵。虽然发酵需要通风，但过度的风会驱散热量。因此，发酵最好是在正常通风的密闭房间内进行。此法的最少发酵量为50千克，越多的豆堆积在一起发酵越好。不过，超出500千克的发酵量可能会比较难处理。

（2）**盘子发酵法**　盘子发酵法的发展源于早期的对堆积发酵法的观察结果：当使用堆积发酵法发酵时，如果没有进行搅拌，发酵堆内大约只有10厘米厚度内的湿豆颜色会发生变化。这表示，即便没有搅拌，在10厘米厚度内的环境是通风的。如果只将湿豆堆放在这个厚度内，就省去了搅拌这一步骤。基于这点，在盘子内放入适量的湿豆并尽可能使其厚度保持在10厘米以内进行发酵试验，结果显示，当将这样的盘子一个接一个叠放在一起进行发酵时，热气能完全散发出来并且保留住，发酵在很短的时间内便完成。

此法所使用的盘子常规大小为90厘米×60厘米×30厘米，盘子底部要装上有孔的板条，这样既能阻止湿豆往下掉，又方便发汗液流出。盘子里堆放的湿豆厚度最好不要超过10厘米，理论上来说，盘子的长度及宽度可以根据实际情况而增加，但是上述所提到的尺寸就已经适合常规的发酵，每个这样的盘子可以装45千克的湿豆，装入湿豆之后，将盘子一个接一个叠放在一块。每一叠至少得堆放大约6个盘子，发酵时要在每叠的底部再放一个空盘子接住流出的发汗液。叠放好后，用香蕉叶子将最顶层的盘子盖上，24小时后，用麻袋将盘子覆盖以保存其产生的热气。不需要进行搅拌，发酵通常会在4天内完成，第5天将豆取出以备干燥。盘子发酵法的最少数量为每批6盘，不过多者可同时用12个盘子。如果使用的是6盘发酵法，有效的发酵数量约为270千克。当使用12盘发酵时，最少的数量约为540千克。

如果采用此种发酵方法，必须要保证可可豆的温度能够上升，因为通风比较充分，可可豆的温度通常比较低，保温是比较重要的工作，否则可可豆发酵不完全，影响最终产品的风味质量。在实际生产中，由于初加工季节温度相对较低，可可豆发酵不够充分，所以此种方法较少采用。

（3）箱子发酵法　箱子发酵法适宜处理较大批量的湿豆。这种方法在可可栽培面积较大的马来西亚比较盛行。此法所使用的箱子由木材制成，每只箱子的大小都控制在 1.2 米 × 0.95 米 × 0.75 米，可装约 2 吨的湿豆。箱子的底部及四周必须要留有一些孔，以便通风以及发汗液的流出。隔天搅拌时，必须将一个箱子的湿豆移到另一个箱子去。此法发酵最少需要 3 个箱子，可以将它们排成一排，以便豆的转移；有时候也会将箱子层层排列，而且会在箱子上设有阀门，当阀门打开时，放在高层的豆就可以流往下一层箱子（图 6-14）。搅拌在第 3 天和第 5 天进行。在发酵了 6 天后，第 7 天取出准备干燥。

图 6-14　可可豆箱子发酵

虽然箱子发酵法方便进行大量湿豆的发酵，但是此法发酵的商品可可豆的质量通常劣于那些通过堆积发酵法或盘子发酵法发酵而成的。造成质量低劣的因素通常跟通风不足引发豆的酸度过大有关。通过给发酵堆送风可以降低豆的酸度，豆的熟化也会降低豆的酸度。据Bhumibhamon等研究报道，箱子法发酵的豆比篮子发酵的豆的切割测试值要稍好些。6天后，箱子里54%～67%湿豆已完全发酵，28%～45%湿豆的发酵程度已到3/4，而篮子里完全发酵的湿豆为50%～56%，3/4发酵的湿豆为43%～49%。

此种方法在东南亚国家被相对普遍使用，比如印度尼西亚和越南等国家。主要是由于这些国家的可可种植相对集中，便于集中采摘和发酵，而且东南亚国家的可可果主熟期在3～4月和11～12月，气温相对不高，箱子发酵能够提高发酵可可豆的温度，加速发酵过程，提高发酵的效率，促进可可豆内部成分转化。我国海南可可主熟期的温度相对于印度尼西亚和越南偏低，因此箱子发酵法比较适合我国可可发酵加工。

2. 影响因素

（1）果实特性　采收的频率直接影响果实的质量，间隔1～2周的采收频率可以确保果实的质量。只能采摘成熟健康的果实，要避免采用熟透的果实，因为熟透的果实很可能含有发芽的豆，这会使湿豆遭受霉菌和昆虫的入侵；也要尽量避免采用未成熟的果实，因为未成熟的果实含糖量低，这会影响到后期的发酵质量。未成熟的湿豆不能完全发酵，且发酵堆温度在初次升到40℃后便一直停留在35℃。在发酵第3天，成熟以及未成熟湿豆内乙酸的含量分别为15.7毫克/克和11.0毫克/克左右。6天后，未成熟豆的pH（5.0）要比成熟豆（5.6）低。发酵结束后，大约40%成熟豆达到巧克力的颜色，而未成熟豆只有27%左右。Alamsyah（1991）发现，发酵过的未成熟豆的巧克力风味很弱且pH很低。大多数的荚果病会导致整个果实的豆全部受损，即使没有受损的豆也已经不适宜进行发酵。Criollo种的湿豆发酵所需时间相对要比Forastero种（5～7天）缩短2～3天，因此要注意避免将这两个品种的湿豆进行混合发酵。

（2）可可豆的数量　在发酵期间所产生的热量需要进行保温

（隔热），不过少量豆的发酵却很难达到这一效果。为了达到充分发酵的效果，每批一般需要可可湿豆100千克以上。

（3）发酵持续时间的长短　发酵时间的长短因发酵堆的遗传结构、气候、可可湿豆的数量以及所使用的发酵方法而异。不同国家所使用的关键评价指标表明，发酵的持续时间从1.5～10天不等。

根据不同的发酵方法，一般的发酵保持在5～6天，未经发酵的可可湿豆巧克力风味淡；发酵1～2天的湿豆巧克力味道不足，明显存在着苦涩味；发酵3～4天或者5～6天的湿豆巧克力味道十足，且有强烈的酸味以及橘黄色和褐色外表皮（图6-15）；而7天以上的发酵为过度发酵，并且有一些令人讨厌的异味（例如霉味等）。

第1天

第5天

图6-15　可可豆发酵

（4）翻动　发酵期间，不断地翻动可以确保可可湿豆均衡发酵。不同的国家，翻动次数的多寡各不相同，最佳翻动的时间间隔为2天/次。最快的发酵翻动方法是每天1次。频繁的翻动（6小时/次或12小时/次）所生产的发酵完好的可可豆数量要比其他方式的还要多。不管是少量还是大量的发酵，发酵的最佳时间为6天，翻动间隔最好为12小时/次。

（5）季节性因素　发酵期间的气候状况会影响发酵的品质。在湿润多雨季节，温度上升缓慢，与旱季相比，在此期间发酵的豆其挥发酸的含量更高，可可豆发酵更完全，所以在旱季发酵比雨季更好。

2.洗涤　将发酵后的种子置于洗涤机或水槽中洗净果肉（图6-16）。

图6-16　洗涤后的可可豆

3.干燥　发酵后可可豆的水分含量约为55%，如此高水分含量豆很容易腐烂，不适合储存。为了储存和运输，必须将水分降至8%以下。为此，必须在发酵后立即进行干燥，否则可可豆的种皮将在发酵后24小时内变干，然后开始发霉腐烂。在干燥阶段，豆里多余的乙酸会发生氧化，这一反应属于生化酶反应，只能在可可豆还有很多水分时发生，而当温度降低时就开始出现了酶促降解。

（1）日晒干燥　在大多数可可生产国，日晒干燥法是最简单且最盛行的方法。其做法是直接将经发酵的可可豆暴晒在太阳下，豆的厚度大约10厘米，暴晒7～8天即可完成可可豆的干燥。这种方法在阳光充足的传统可可产区，干燥出来的豆品质都很好，而且成本低。在西非，人们将发酵豆摊开放在一层铺在地面的薄席上暴晒，2天后翻动，再继续暴晒。薄席干燥比较方便，遇雨天可以折叠转移，也利于除去异物和劣质可可豆，同时也比晒在地上遭到外来的污染少；在南美洲，人们直接将发酵豆摊在木制地板上干燥，特立尼达和巴西是在可移动的屋顶上晒豆。在干燥过程中，一般隔段时间进行翻动，晚上通常堆积起来存放，以避免雨露淋湿。

在空气相对湿度较高或阳光不太充足的地方，通常采用改进的日晒干燥方式进行，通过搭建透明塑料棚或者透明屋顶的干燥房来干燥可可豆，有时也采用太阳能收集设备来干燥可可豆（图6-17）。

（2）人工干燥　若在可可初加工时期遇阴雨天气，则采用人工干燥较为适宜。一般采用燃木加热的方式，通过热空气传导和辐射加热，可可豆放在干燥板上，强制通风可以提高干燥效率。对于大多数燃料而言，热交换器的高效和密封是比较重要的，一定要避免烟气与可可豆接触，以免影响可可豆的风味。

影响人工干燥的因素主要有温度、空气流率、豆的厚度以及翻动的范围。温度直接通过阻止生化酶活动或间接通过影响水分的蒸发率影响可可豆的质量。空气流率也通过影响空气湿度影响

图6-17　可可豆干燥

干燥，也跟残余酸性物质氧化降解所需氧气的输送有关。湿豆的厚度以及翻动的次数决定着干燥的速度、一致性以及豆的通风问题。从理论上来说，在高温、空气流率高、堆放豆层较薄并且频繁翻动的情况下可以更快捷、更经济地完成干燥。不过，在这种情况下干燥出的豆质量很差，究其原因主要是酸度的问题。最适宜的干燥条件应该兼顾干燥成本与豆的品质之间的平衡。最高的干燥温度通常为60℃，高于或低于这个温度也可以产出品质相当的豆，这包括：

①在干燥初期以60℃的温度开始直至含水量降至25%～30%，然后在最后阶段可允许将温度调高到80℃。

②开始的温度可以高达90℃，持续3小时，待水分降到40%

后，再将温度调低至70℃，此温度可持续8～10小时。

③采用有间隔期的两步干燥法进行干燥。豆的翻动对干燥的一致性及效率也至关重要。另外，当手工翻动时，豆的厚度最好维持在12～15厘米。

（3）干燥机烘干　在面积较大的可可园人们使用好几种干燥机进行可可豆的干燥，影响这些机器效率的主要因素有温度、空气流率、豆的厚度以及翻动的范围。由于常规的高温干燥会使可可豆的巧克力风味下降，且有浓郁的异味，所以并不适宜使用。虽然并没有多大的差别，不过与太阳能干燥机相比户外空气干燥更容易受到霉的入侵。无论是通过何种方式干燥，都需要做到彻底干燥，使豆的水分含量降至6%～7%。在后期储存和运输过程中，含水量超过8%会导致发霉，但也不要干燥过度，通常采用人工干燥或者干燥及干燥，可能干燥速率较难控制，一旦干燥过度，可可豆比较脆，在后期的运输和加工过程中，易导致损失。

当通过干燥机方式干燥时，必须避免接触烟和熏烟。完全干燥后的豆，抓一把拿在手上时会发出一种特有的沙沙声。最科学的办法是利用水分测定仪。研究表明，比较温和的干燥（40℃）会使可可豆的酸度下降。在太阳能干燥机与传统的日照干燥方式的性能方面，与传统的日晒干燥法相比，太阳能干燥机能吸取到更高的热量，其干燥温度较高、湿度较低，干燥的速度也比较快（前者需要178小时，而后者仅需要72小时），霉菌较少，没有发芽豆，且干燥后也不会遭到昆虫的入侵。太阳能干燥机比传统日晒干燥更有效率，产品的质量更好，且与使用传统方式干燥的农户相比，使用太阳能干燥机干燥的农户收入可增加38.7%。

（4）储藏　发酵干燥后的可可种子就成为商品可可豆，初加工完毕并进行分级后便可入库储藏，以备出售或进行深加工。在适当的条件下，干燥的可可豆可以存放很长时间。然而，安全保存期的长短视存放空间的相对湿度和温度而定。在相对湿度和温度都低的情况下，储藏期几乎可以无限延长；在相对湿度较高的热带地区，很难长时间存放。

　　研究发现，当相对湿度达到85%时，可可豆的水分含量会超过8%。超过这一指标非常危险，因为，一旦超过这一界限，可可豆将开始发霉。这意味着，在相对湿度超过85%的条件下，除非防止干豆与空气接触，否则很难长时间存放，而又不腐烂变质。在印度的可可栽培区，相对湿度很高，通常都会超过95%。所以，在这些地区的雨季，储存可可变得很困难。现阶段的做法是将可可豆运送到本国其他气候条件适宜的地区进行储存，另一个方法就是将可可豆存放在聚乙烯或其他隔水性能较好的密封容器内，即便如此，在连续不断的湿润季节，这样的容器也不是理想的散装可可豆储存场所。

　　在储藏中应做到通风、干燥，注意防霉和防虫。据印度尼西亚进行的可可豆储藏试验表明：在温度为30℃，相对湿度为74%或温度为35℃，相对湿度为64%的条件下，含水量为2.80%、6.83%和8.73%的商品可可豆可储藏3个月。而在温度为25℃，相对湿度为95%的条件下，同类商品可可豆储藏不到1个月就霉坏了。可见，在储藏商品可可豆的过程中必须保持库房的干燥。储存可可豆时，有一点特别值得注意，就是储藏房间要相对清洁、无异味，尤其是要远离杀虫剂、肥料和油漆等具有明显异味的物质，否则可可豆吸附异味物质，严重影响可可豆的可用性。

第七章
发展前景

　　热带香料饮料作物是我国热作产业的重要组成部分，是改善人们生活质量的必需品，国内外市场需求量大，进出口量较大。香草兰素有"天然食品香料之王"美誉，其加工产品含有250多种天然的芳香成分，可广泛应用于调制各种高级食品、香烟、高档酒和高级化妆品。目前世界香草兰产量仅在2 300吨左右，产品供不应求。胡椒是世界上最重要的香辛料作物，用途非常广泛。目前世界胡椒栽培面积超过56万公顷，产量超过40万吨，年进出口贸易量超过56万吨。咖啡作为世界三大饮料之一，全球咖啡年产量在700万吨左右，贸易额达到10万亿元，并且消费量还在以每年1.5%的速度增长。可可同为世界三大饮料之一，是制造巧克力的主要原料，全世界栽培面积超过1 000万公顷，可可豆产量达450多万吨，我国每年进口可可产品超过40万吨。

　　热带香料饮料作物经济效益高，是我国热区农民收入的重要来源。热带香料饮料作物主要分布在边远不发达地区，其产值高、发展潜力大。据统计，我国胡椒单位面积年产值可达9万～12万元/公顷，仅在海南年产值就达20多亿元，是关系100多万农村人口收入的重要产业；咖啡单位面积年产值可达4.5万～6万元/公顷，主要分布在云南和海南，年产量达8万多吨，从业人员超过200万人，年出口创汇达4 000万美元以上；香草兰单位面积年产值可达12万～15万元/公顷。早在20世纪八九十年代，海南就出现了许多依靠栽培胡椒、咖啡而率先致富的胡椒万元户、咖啡万元户，许多农村盖起了一幢幢"胡椒楼""咖啡楼"等，农村面貌因此而发生了翻天覆地的变化。此外，大多热带香料饮料作物还可通过产品精深加工，延伸产业链，提升产值几倍甚至几十倍。

随着社会经济的健康、稳定、快速发展，人民生活水平的提高，人们对食品安全越来越重视，对天然、绿色、健康的产品越来越青睐，热带香料和饮料作为原生态的绿色健康产品备受消费者欢迎。随着需求的增加，要进一步扩大种植规模，但我国热区土地资源十分有限，特别是海南作为我国主要的热作基地，已无更多的土地资源可利用，且缺少劳动力和物资。目前开展的研究和生产实践已证明，复合栽培已经成为我国热区农业生产增加效益和发展可持续农业的有效途径之一，也是热作产业发展的必然要求。热带香料饮料复合栽培产业化将成为促进农村经济迅速发展和生态文明相结合的亮点，发展前景广阔。

在海南万宁、琼海、定安等地进行槟榔与香草兰复合栽培，均获得了显著的经济效益。在香草兰投产初期，单位面积经济效益由单作时的10.05万元/公顷增加至13.95万元/公顷；在香草兰盛产期，可增加至21.6万元/公顷。通过推广槟榔间作香草兰种植模式，使我国香草兰年产量增加了37吨，实现直接经济效益600万元以上，创造社会经济效益近2 000万元。同时，槟榔间作香草兰可充分发挥系统的整体功能和实现生态系统的良性循环，土地利用更趋于合理，有助于提高自然资源的利用率，防止水土流失，恢复地力，保持生态平衡，改善农林生产环境，具有显著的生态和社会效益。

在海南文昌、琼海、万宁等地进行槟榔间作胡椒复合栽培，经济效益显著，其中"品"字形间作新模式，胡椒产量较单作增产30%以上，单位面积土地产量年均增加2 878千克/公顷。同时显著改善了连作胡椒园土壤质量，有效缓解了胡椒连作障碍问题。近3年推广面积930公顷，实现农业产值2.7亿元。目前，槟榔间作胡椒复合栽培面积已达6 700公顷，取得了良好的生产效果和社会效益。

通过"科研所＋企业＋种植户"生产经营模式，在云南普洱、德宏、保山、临沧、文山和海南万宁、澄迈等地区，推广种植橡胶间作咖啡、澳洲坚果间作咖啡、槟榔间作咖啡等复合栽培模式累计4万多公顷，使土地利用率平均提高40%以上，产量比单作平均增加81.2%，咖啡灭字虎天牛危害株率平均降低71.1%，平均每公顷产值增加1.5万元，年新增产值达6亿元，实现了在不影响其他热带经济作物及果树发展的前提下有效扩大咖啡种植面积，在提高自然资源利用率、保持生态平衡、促进产业可持续发展方面取得了显著的经济、生态和社会效益。

热带香料饮料作物与经济林复合栽培，既能为热带香料饮料作物提供一定荫蔽度，又能解决经济林下自然资源闲置的问题，还可以减少由于市场价格波动和自然灾害对热带经济作物产业发展造成的不利影响，提高综合经济效益，实现农民增收和农业增效，全面促进热带香料饮料作物及热带经济林产业发展，是"走科技先导型、资源节约型、经济效益高发展道路"的具体体现。因此，发展热带香料饮料作物复合栽培利国利民，前景广阔。

在我国发展热带香料饮料作物复合栽培，以下工作值得各方重视并进行认真策划与研究。

1. 深化栽培和加工基础领域研究　在栽培基础研究方面，重点研究热带香料饮料作物品质、产量形成的生理及生态机制，产量与品质协同的调控机制与途径。在加工基础研究方面，重点研究热带香料饮料作物采后品质劣变机制及其调控措施。切实提高复合栽培农产品的产量和质量，在保护环境的前提下，增加农民收入。

2. 强化复合栽培综合配套技术体系研究　热带香料饮料作物产业正逐渐由高产量、低成本向以高质量、高科技含量为目标转变，而该目标的实现必须以标准化生产配套技术作为支撑。因此，应重点研究提高热带香料饮料作物生产能力的高产、优质、高效栽培关键技术，规模化高效、轻简化栽培技术的集成创新；提倡减肥减药、提质增效，建立生态安全、环境友好的栽培技术体系；创新资源高效吸收利用技术，提高热带香料饮料作物水、肥、药等资源投入的利用效率。同时，拓展经济林下花卉、草本果蔬、食用菌、南药等经济作物复合栽培技术体系以及热带香料饮料作物与其他作物搭配的复合栽培技术体系的研究。

3.加强技术集成实践应用 当前热带香料饮料作物复合栽培的许多研究成果已应用于农业生产实践，应继续加强科学研究与生产实践的结合，重点围绕市场需求和生产需求开展技术研究、优化集成和实践应用，更加着重于产学研结合。

4.挖掘提升综合效益 目前，热带香料饮料作物复合栽培仅围绕提升其生态、经济和社会效益方面开展研究和推广，忽略了复合栽培模式所具有的观赏性，非常符合当前休闲农业迅速发展的需求。海南、云南等热区作为热带旅游观光胜地，若将复合栽培作为特色旅游观光农业的一项内容进行科普示范，除了给游客提供采摘新鲜椰子、槟榔、胡椒、可可等的体验服务之外，还可产加销一条龙直接销售深加工产品，从而大大提高复合栽培产业的附加值，对发展热区特色旅游和特色产品大有裨益。

参 考 文 献

陈剑豪，1996.咖啡湿法加工配套设备的配置方案分析[J].热带农业工程（1）：1-5.

陈治华，莫丽珍，2014.小粒种咖啡初加工与设备[M].昆明：云南大学出版社.

董云萍，黎秀元，闫林，等，2011.不同种植模式咖啡生长特性与经济效益比较[J].热带农业科学，31(12)：12-15.

范海阔，黄丽云，周焕起，等，2007.槟榔及其栽培技术[J].中国南方果树，36（4）：27-29.

房一明，谷风林，初众，等.2012.发酵方式对海南可可豆特性和风味的影响分析[J].热带农业科学（2）：71-85.

谷风林，房一明，徐飞，等，2013.发酵方式与萃取条件对海南可可豆多酚含量的影响[J].中国食品学报（8）：268-272.

海渤，2010.林下产业经济模式研究[J].绿色科技，8：19-20.

《海南农垦科技》编辑部，2005.海南农垦橡胶树栽培五十年[J].海南农垦科技（1）：23-43.

何振革，2007.海南省槟榔产业发展存在问题及对策[J].安徽农学通报，13（13）：109-110.

黄克新，倪书邦，1991.建立生态经济型橡胶园橡胶咖啡间作模式[J].生态学杂志，10(4)：35-37.

赖剑雄，1988.可可盲蝽的初步研究[J].热带农业科学，2：39-43.

赖剑雄，2014.可可栽培与加工技术[M].北京：中国农业出版社.

李金梅，史亚军，2009.林下经济理论与实践[M].北京：中国林业出版社.

李远菊，张雳，王元忠，等，2013.药用植物复合种植研究进展[J].世界中医药科学技术：中医药现代化，15（9）：1941-1947.

林位夫，吴嘉莲，陈积贤，等.橡胶树栽培技术规程:NY/T221—2006[S].

林延谋，符悦冠，刘凤花，等，1994.咖啡黑小蠹的发生规律及药剂防治研究[J].热带作物学报，15（2）：79-85.

刘爱勤，2013.热带特色香料饮料作物主要病虫害防治图谱[M].北京：中国农业出版社.

刘爱勤，桑利伟，孙世伟，等，2012.6种药剂防治香草兰疫病田间药效试验[J].热带农业科学，32(4):76-78.

罗世巧，2010.橡胶树种植与管理[M].海口：海南出版社.

毛祖舜，邱维美，2003.椰子丰产栽培技术[M].海口：海南出版社.

农业部农垦局，中国农垦经济发展中心，2016.主要热带作物优势区域布局:2016—2020 [M].北京：中国农业出版社.

Orasu T，莫守宏，1991.巴布亚新几内亚椰园间作和放牧[J].热带作物译丛，1：11-13.

潘衍庆，1998.中国热带作物栽培学[M].北京：中国农业出版社.

彭晓邦，仲崇高，沈平，等，2010.玉米大豆对农林复合系统小气候的光合响应[J].生态学报，30（3）：710-716.

覃伟权，朱辉，2011.棕榈科植物病虫鼠害的鉴定及防治[M].北京：中国农业出版社.

桑利伟，刘爱勤，孙世伟，等，2014.海南省可可黑果病病原鉴定及其发生规律[J].热带作物学报，35（8）：1586-1591.

孙建光，徐晶，宋彦耕，等.绿色食品 肥料使用准则:NY/T 394—2013 [S].

孙燕，董云萍，杨建峰，2009.咖啡立体栽培及优化模式探讨[J].热带农业科学，29（8）：43-46.

唐龙祥，2010.椰子栽培管理实用技术[M].海口：海南出版社.

王灿，杨建峰，祖超，等，2015.胡椒园间作槟榔对胡椒产量及养分利用的影响[J].热带作物学报，36(7): 1-7.

王华，王辉，赵青云，等，2013.槟榔不同株行距间作香草兰对土壤养分和微生物的影响[J].植物营养与肥料学报，19（4）：988-994.

王辉，庄辉发，宋应辉，等，2012.不同密度槟榔间作对香草兰叶绿素荧光特性的影响[J].热带农业科学，32（11）：4-12.

王庆煌，2012.热带作物产品加工原料与技术[M].北京：科学出版社.

王文壮，1998.椰子生产技术问答[M].北京：中国林业出版社.

谢德芳，彭黎旭，刘洪升，等.槟榔生产技术规程:DB 46/T 77—2007[S].

杨建峰，祖超，李志刚，等，2014.胡椒园间作槟榔优势及适宜种植密度研究[J].热带作物学报，35（11）.

杨毅敏，王健，郭诚，等，2005.槟榔香草兰农林复合系统土壤性状及根部分布[J].贵州科学，23（6）：84-87.

鱼欢，祖超，赵青云，等，2014.海南省经济林下复合种植产业现状及发展对策[J].热带农业科学，34(1)：81-84.

赵松林，孙程旭，冯美利，等.椰子栽培技术规程:DB 46/T 12—2012 [S].

赵溪竹，李付鹏，秦晓威，等，2017.椰子间作可可下可可光合日变化与环境因子的关系[J].热带农业科学，37（2）：1-4.

赵溪竹，刘立云，王华，等，2015.椰子可可间作下种植密度对作物产量及经济效益的影响[J].热带作物学报，36（6）：1043-1047.

赵溪竹，朱自慧，王华，等，2012.世界可可生产贸易现状[J].热带农业科学，9：76-81.

郑维全，杨建峰，郝朝运，等，2012.胡椒连作常见问题及其栽培技术[J].热带生物学报，3（3）：260-263.

中国科学技术协会，2009.2008—2009林业科学学科发展报告[M].北京：中国科学技术出版社.

中国热带农业科学院，2014.中国热带作物产业可持续发展研究[M].北京：科学出版社.

中国热带农业科学院，华南热带农业大学，1998.中国热带作物栽培学[M].北京：中国农业出版社.

庄辉发，王华，王辉，2012.槟榔间作香草兰种植园土壤养分变化趋势研究[J].热带农业科学，（32）5：22-25.

庄辉发，王辉，王华，等，2012.不同荫蔽度对香草兰光合作用与产量的影响[J].江苏农业科学（8）：239-240.

祖超，邬华松，谭乐和，等，2011.橡胶与胡椒复合种植模式分析[J].热带农业科学，31（12）：26-32.

祖超，邬华松，杨建峰，等，2012.海南胡椒复合栽培模式SWOT分析[J].热带农业科学，10：84-90.

Balasimha D, 2009. Effect of spacing and pruning regimes on photosynthetic characteristics and yield of cocoa in mixed cropping with arecanut[J]. J Plantation Crops, 37 (1) : 9-14.

Baligar V C, Bunce J A, Bailey B A, et al, 2005. Carbon dioxide and photosynthetic photon flux density effects on growth and mineral uptake of cacao[J]. Journal of Food, Agriculture and Environment, 3:142-147.

Francis C A, 1986. Multiple cropping systems[M]. New York: Macmillan.

Heike Knörzer, Simone Graeff-Hönninger, Buqing Guo, et al, 2009. The rediscovery of intercropping in China: a traditional cropping system for future Chinese agriculture–a review[J]. Springer Netherlands, 2: 13-44.

Isaac M E, Ulzen-Appiah F, Timmer V R, et al, 2007. Early growth and nutritional response to resource competition in cocoa-shade intercropped systems[J]. Plant Soil, 298: 234-254.

Li L, Li S M, Sun J H, et al, 2007. Diversity enhances agricultural productivity via rhizosphere phosphorus facilitation on phosphorus-deficient soils[J]. PNAS, 104 (27) :11192-11196.

Li L, Sun J, Zhang F, et al, 2001. Wheat/maize or wheat/soybean strip intercropping : I. Yield advantage and interspecific interactions on nutrients[J]. Field Crops Research, 71:123-137.

Li L, Sun J, Zhang F, et al, 2001. Wheat/maize or wheat/soybean strip intercropping : II. Recovery or compensation of maize and soybean after wheat harvesting[J]. Field Crops Research, 71:173-181.

Oladokun M A O, Egbe N E, 1990. Yields of cocoa/kola intercrops in Nigeria[J]. Agroforestry Systems, 10:153-160.

Osei-Bonsu K, Opoku-Ameyaw K, Amoah F M, et al, 2002. Cacao-coconut intercropping in Ghana: agronomic and economic perspectives[J]. Agroforestry Systems, 55: 1-8.

Raja H R M, Kamariah H, 1983. The effects of shading regimes on the growth of cocoa seedlings (*Theobroma cacao L.*) [J]. Pertunika, 6: 1-5.

Ricardo G, Christopher P A, 1991. The Case of Coconuts in Indonesia[J]. Human Ecology, 19 (1) : 83-98.

Teja T, Yann C, Shonil A, et al, 2011. Multifunctional shade-tree management in tropical agroforestry landscapes–a review[J]. Journal of Applied Ecology, 48: 619-629.

Zhang F, Li L, 2003. Using competitive and facilitative interactions in intercropping systems enhances crop productivity and nutrient-use efficiency[J]. Plant Soil, 248: 305-312.

Zuo Y, Liu Y, Zhang F, et al, 2004. A study on the improvement of iron nutrition of peanut intercropping with maize on nitrogen fixation at early stages of growth of peanut on a calcareous soil[J]. Soil Science and Plant Nutrition, 50 (7) :1071-1078.